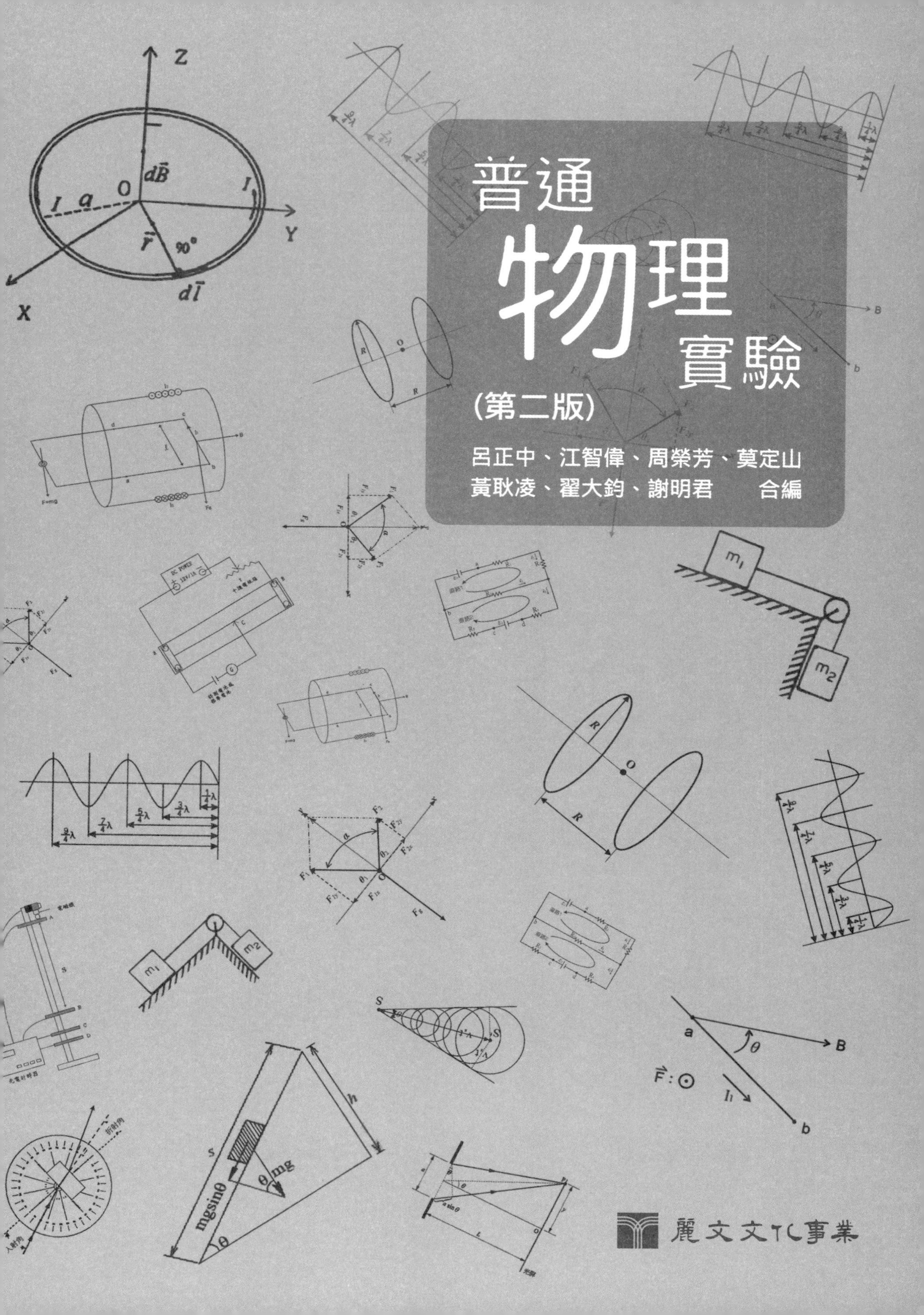

普通物理實驗

(第二版)

呂正中、江智偉、周榮芳、莫定山
黃耿凌、翟大鈞、謝明君　合編

麗文文化事業

■ 國家圖書館出版品預行編目資料

普通物理實驗 / 呂正中等合編. -- 二版. -- 高雄
市：麗文文化, 2015.03
面； 公分
ISBN 978-957-748-599-1（平裝）

1.物理實驗

330.13 104003488

普通物理實驗

二版一刷・2015 年 3 月

編者	呂正中、江智偉、周榮芳、莫定山、黃耿凌、翟大鈞、謝明君
發行人	楊曉祺
總編輯	蔡國彬
出版者	麗文文化事業股份有限公司
地址	80252高雄市苓雅區五福一路57號2樓之2
電話	07-2265267
傳真	07-2233073
網址	www.liwen.com.tw
電子信箱	liwen@liwen.com.tw
劃撥帳號	41423894
購書專線	07-2265267轉236
臺北分公司	23445新北市永和區秀朗路一段41號
電話	02-29229075
傳真	02-29220464
法律顧問	林廷隆律師
電話	02-29658212

行政院新聞局出版事業登記證局版台業字第5692號
ISBN 978-957-748-599-1（平裝）

定價：280 元

二版序

物理學 (Physics) 闡述自然現象及其變化因果關係，屬於基本學科，爲研習各工程學科之基礎。對於學生而言。其感受清晰易明，至於理論則不易融會貫通，可謂知其然而不知其所以然；唯有透過實驗印證，方可加深觀念，進而培養學生吸收科技知識的潛力。

本校物理實驗室在本校李創辦人正合先生及歷任校長精心擘劃及全力支持，教師同仁熱心參與下，軟硬體設施大幅成長，各項教材、教案不斷改進，實習設備更是全面更新充實，特別是雷射光學及精緻力學實驗設備，堪稱全國數一數二，與國立大專院校相較，不遑多讓。學生得以在良好的師資指導下，應用現代化設備進行實驗印證，其效巨矣！

「從做中學習 (Learning by doing)」，我們用心編著本實驗教材，期冀對於學生的學習有所助益，幫助學生愉快學習物理實驗。本教材係參考坊間大學物理實驗教本，並配合本校現有設備而編著。每部份之原理皆參考本校現行物理課程，俾使實驗能與課堂理論完全配合。本教材中所述之實驗步驟完全配合現有設備規劃內容，學生進行實驗時，當不會有無從下手之慨。所以本書特於每個單元之後，附上實驗及計算範例，且盡量提供圖片說明，方便教師及學生參考。

本教材之完成，首先要感謝本校李創辦人及蘇校長的支持、鼓勵與指導，並感謝圖書資訊館閔館長及工學院周院長的鼎力協助，也要感謝工學院各系主任提供寶貴意見。爲求本教材更加完整。編寫過程中，在教學之餘本會同仁一再討論與溝通，尤其寒、暑假期中，更是完全投入。因此，我們也要感謝家人的體諒及鼓勵，也邀請他們共享本教材完成之喜悅！

崑 山 科 技 大 學
物理實驗編審委員會
謹職
中華民國 104 年 2 月

目次

實驗 1

自由落體運動實驗

一、目的

探討自由落體運動並測量重力加速度 g 值。

二、原理

一物體運動的平均速度可定義爲行走距離 S 與所需時間 t 的比值

$$\overline{V}=\frac{S}{t} \qquad (1)$$

此爲此段時間內的平均速度。瞬時速率爲此比值在此段時間趨近於零之極限時，或以極限符號寫出爲

$$V=\lim_{\Delta t\to 0}\frac{\Delta S}{\Delta t} \qquad (2)$$

其中 ΔS 乃爲物體在 Δt 時間內距離的增加量。

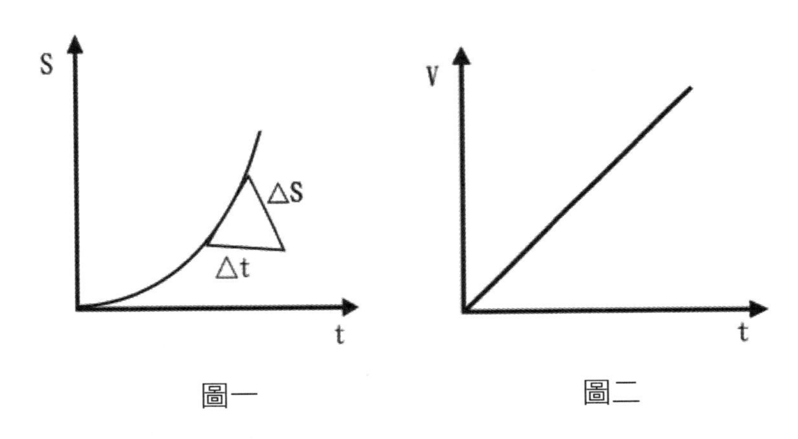

圖一　　　　圖二

圖一的曲線表示了一自由落體運動距離與時間的關係圖，在任何時刻 t 的瞬時速率很顯然的就是在那個時刻的曲線斜率，注意式 (2) 即爲斜率的定義。若一等速運動的物體，其斜率必爲常數，則此曲線必爲一直線，對自由落體運動而言。這距離與時間關係圖曲線顯然並非直線，因爲速率一直隨著時間的增長而加快。在物體速度有變化時，這種運動稱爲加速運動，我們把加速度定義爲 t 時間內速度的改變，也就是

$$\overline{a} = \frac{V_t - V_0}{t} \qquad (3)$$

顯然 $\overline{a}$ 爲速度在 t 時間內，由 V_0 變成 V_t 的平均加速度。因爲加速度的單位是速度除以時間，所以在公制 cgs 中加速度的單位爲厘米／秒^2。

若一物體沿直線運動，而且速度的改變一定，則加速度必爲常數，這種運動也稱爲等加速度運動，這種類型的運動乃是物體受一定外力下的結果，最常見的例子就是自由落體運動，而加速度 g 乃稱爲重力加速度，它大約爲 980 厘米／秒^2，在地球上不同的地點會有少許的變化。距離、速度與時間的關係，在等加速度 g 下，從式 (3) 的定義直接可得

$$V_t = V_0 + gt \qquad (4)$$

它表示了速度 V_t 和時間 t 的關係，這方程式爲一直線方程式，此直線的斜率即爲 g。由於是等加速度，所以在 t 時間內速度的平均值可以 $V = (V_t + V_0)/2$ 來表示。從式 (1) 中可得

$$S = \overline{V}t = \frac{V_1 + V_2}{2}t \qquad (5)$$

將式 (4) 代入式 (5)，得

$$S = V_0 t + \frac{1}{2}gt^2 \qquad (6)$$

式 (6) 爲一曲線方程式，此曲線在各點的斜率即爲各該時刻的速度。

當初速度 $V_0 = 0$ 時，即爲自由落體運動，圖二的曲線爲一自由落體運動的速度與時間關係圖。此即爲

$$S = \frac{1}{2}gt^2 \qquad (7)$$

$$\therefore g = \frac{2S}{t^2} \qquad (8)$$

S 爲球至光閘 A 的距離，t 爲球經過光閘 A 的時間。

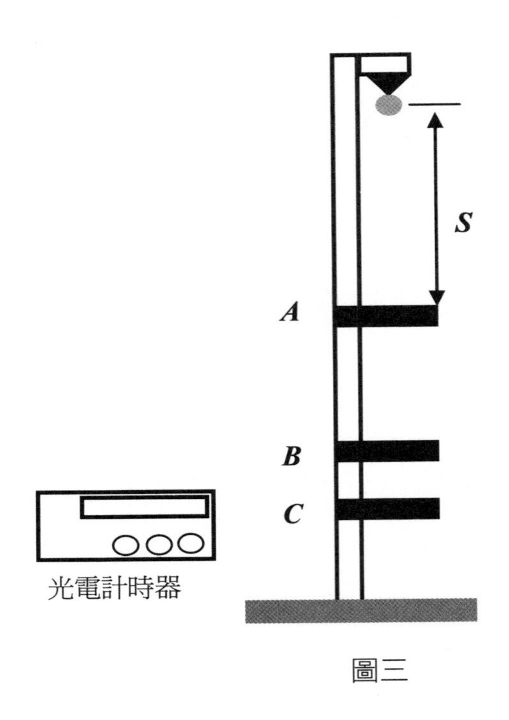

圖三

當初速度 $V_0 \neq 0$ 時，當自由落體落下時，經過某一點 A，至另二點 B、C 的距離各爲 S_1 與 S_2，時間爲 t_1 與 t_2，則

$$S_1 = V_1 t_1 + \frac{1}{2} g t_1^2 \tag{9}$$

$$S_2 = V_2 t_2 + \frac{1}{2} g t_2^2 \tag{10}$$

由式 (9)、(10) 兩式得

$$g = \frac{2(S_2 t_1 - S_1 t_2)}{t_1 t_2 (t_2 - t_1)} \tag{11}$$

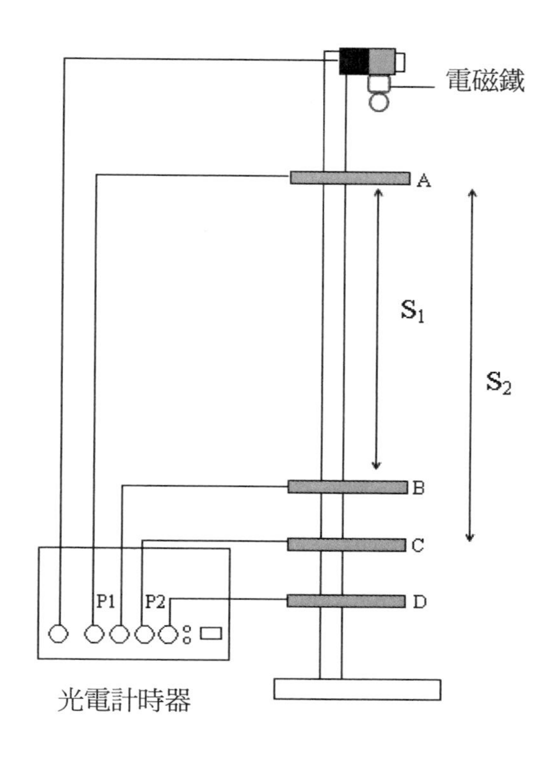

圖四

S_1 光電閘 A 至光電閘 B 之距離

S_2 光電閘 A 至光電閘 C 之距離

t_1 爲光電閘 A 至光電閘 B 之時間 (即光電計時器之數據時間 2 減時間 1)

t_2 爲光電閘 A 至光電閘 C 之時間 (即光電計時器之數據時間 3 減時間 1)

三、實驗儀器

電磁鐵、實驗球、光電閘、光電閘固定座、實驗支架、鉛垂線、實驗底座、光電計時器。

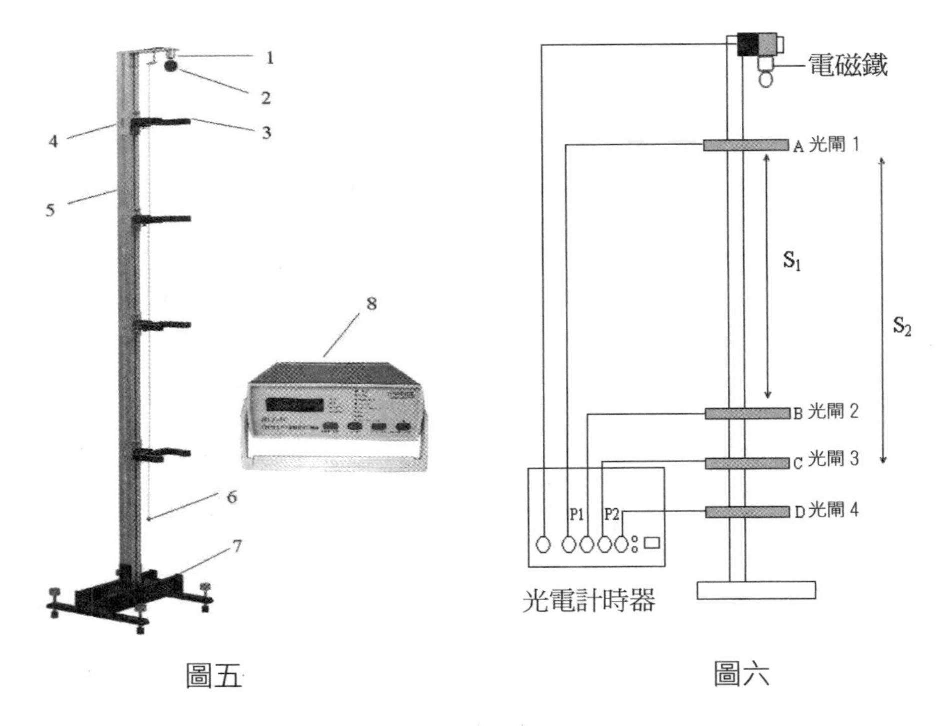

圖五　　　　圖六

(圖六爲光電計時器連接光電閘之接線圖，兩種測量方式皆相同。)

四、實驗步驟(光電計時器操作方法若有疑問請查閱光電計時器之操作說明)

1．利用水平儀調整實驗底座使其達到水平，並用電磁鐵所附之鉛垂線來觀察當實驗球向下落時是否能順利通過所有的光電閘。同時調整光電閘間的距離並記錄下來。

2．將實驗儀器上的 4 支光電閘依照圖六的方式連接，光電閘 4 爲可接可不接，若有接則可做爲另一參考數據。圖七爲搭配圖六光電計時器後方插孔和光電閘的連接方式。

3．若實驗爲初速不爲零，光電閘接線和擺放方式如圖四。

4．打開光電計時器，一開始內部會設定在「Timing II」的功能選項中，此時按下「Function」鍵，則可改變功能選項，重覆按「Function」鍵直到「Gravity Acceleration」功能選項的 LED 燈亮起，如圖八，此時電磁鐵控制鍵的 LED 燈也會亮起，電磁鐵充磁。

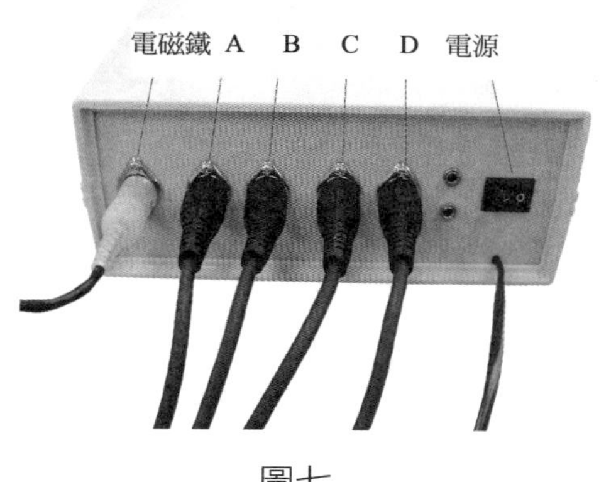

圖七

圖八

5．將實驗球吸附於電磁鐵上，按下「ELECTROMAGNET」鍵。此時上方 LED 燈滅，電磁鐵消磁，實驗球向下落並通過各過光電閘。(可先試驗幾次，確認實驗球落下皆能通過各光電閘後再開始記錄實驗數據。實驗球為兩顆同體積不同重量之塑膠球和一顆較重金屬球。)

6．實驗球落下後光電計時器會顯示出當電磁鐵消磁時開始計時，通過各光電閘的時間。如圖九~圖十二，若有 C 或 D 光電閘則以此類推。

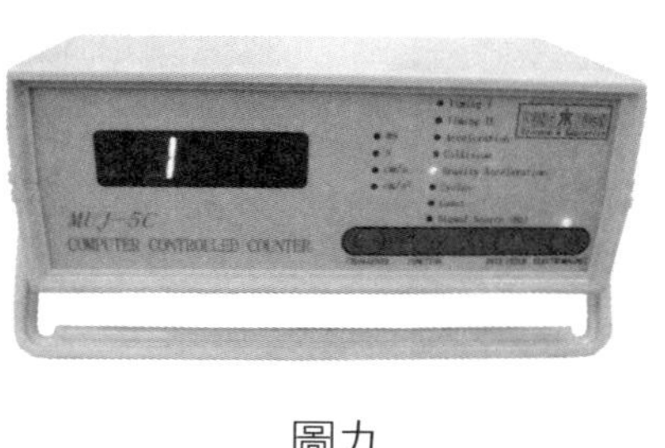

圖九

圖十

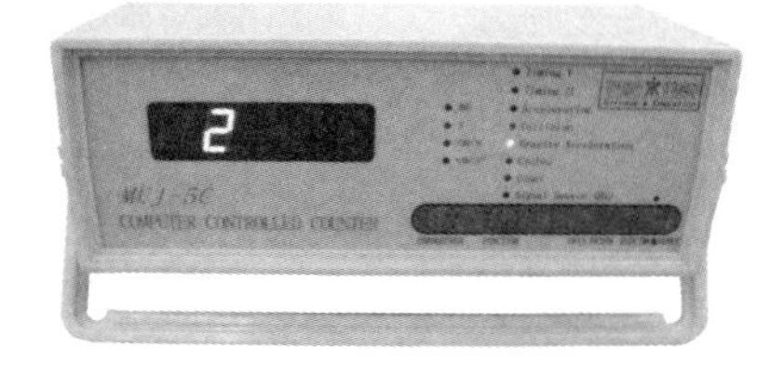

圖十一

圖十二

7．將光電閘之間的距離和通過各光電閘的時間記錄下來並計算出 S_1、S_2、t_1 和 t_2，代入式 (11) 中計算重力加速度g值。

8．若實驗為初速為零，光電閘接線和擺放方式如圖三，光電閘 A 應正好在實驗球的下緣，實驗方式和初速不為零相同。將兩光電閘之間距離 S 和通過兩光電閘之時間 t 代入式 (8) 中計算重力加速度 g 值。

9．可改變光電閘間距離並重複以上實驗步驟，驗證重力加速度 g 值。

🗋 實驗1　自由落體運動實驗

系　別：________　學　號：________

組　別：________　日　期：________

姓　名：________　評　分：________

(註　實驗完畢立即填妥本實驗數據，送請任課教師核閱簽章。)

五、記錄

(一)初速為零　$g = \frac{2S}{t^2}$

塑 膠 球			
	第一次	第二次	第三次
A 光電閘的讀數 (s)			
A 的時間 t(s)			
A 光電閘的距離 S(m)			
計算出來的重力加速度 g (m/s^2)			
理論重力加速度 g (m/s^2)	9.78		
誤差百分率 (%)			

金 屬 球			
	第一次	第二次	第三次
A 光電閘的讀數 (s)			
A 的時間 t(s)			
A 光電閘的距離 S(m)			
計算出來的重力加速度 g (m/s^2)			
理論重力加速度 g (m/s^2)	9.78		
誤差百分率 (%)			

(二)初速不為零 $g=\dfrac{2(S_2t_1-S_1t_2)}{t_1t_2(t_2-t_1)}$

塑 膠 球			
	第一次	第二次	第三次
A 光電閘的讀數 (s)			
B 光電閘的讀數 (s)			
C 光電閘的讀數 (s)			
光電閘 A 至光電閘 B 之時間 t_1			
光電閘 A 至光電閘 C 之時間 t_2			
A-B 光電閘的距離 S_1 (m)			
A-C 光電閘的距離 S_2 (m)			
計算出來的重力加速度 g (m/s²)			
理論重力加速度 g (m/s²)	9.78		
誤差百分率 (%)			

金 屬 球			
	第一次	第二次	第三次
A 光電閘的讀數 (s)			
B 光電閘的讀數 (s)			
C 光電閘的讀數 (s)			
光電閘 A 至光電閘 B 之時間 t_1			
光電閘 A 至光電閘 C 之時間 t_2			
A-B 光電閘的距離 S_1 (m)			
A-C 光電閘的距離 S_2 (m)			
計算出來的重力加速度 g (m/s²)			
理論重力加速度 g (m/s²)	9.78		
誤差百分率 (%)			

六、討論

1. 試比較塑膠球與金屬球的百分誤差及原因。

2. 實驗上以兩種方法來測量重力加速度 g 值，你認爲何者比較準確？試討論其原因。

實驗 2

虎克定律實驗

一、目的

研究外力如何使物體產生形變，並求出彈力常數 k。

二、原理

若要把彈簧拉長一倍，作用力就需要加大一倍。此張拉力與位移的線性關係稱為「虎克定律」(Hooke's Law)。「虎克定律」說明彈簧受到的作用力與彈簧從原位伸延的距離或壓縮的距離成正比。

$$F = k\Delta L$$

其中 F 是作用力 (例如垂直彈簧下端懸掛物體的重量)，ΔL 是彈簧的伸長量或壓縮量，而比例常數k則稱為彈力常數，如圖一所示。

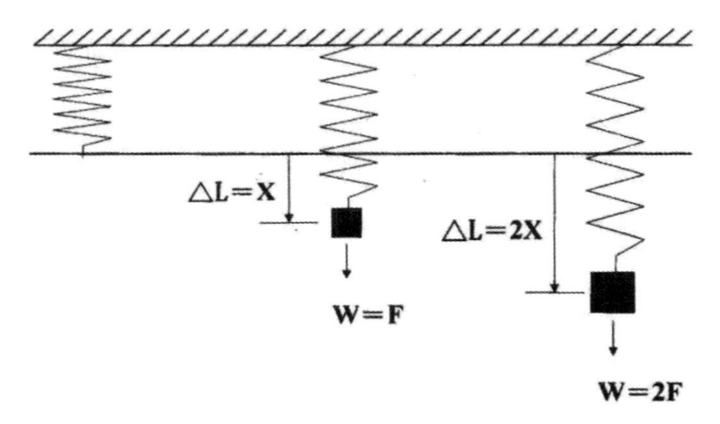

圖一　彈簧的伸長量正比於外力

若彈簧受到的作用力太大，彈簧可能永久受損，在此情況下，伸長量 ΔL 增加至很大值時，不是按照虎克定律的規範。當移去作用力後，彈簧無法恢復到原來長度，即超過了物體的「彈性限度」。因此「虎克定律」只在「彈性限度」以內才適用。

三、實驗儀器

支座、支撐杆、雙嘴鉗、砝碼、帶槽的砝碼、螺旋彈簧 (3 N/m)、螺旋彈簧 (20 N/m)、固定針、試管架、測量帶 (2m)。

四、實驗步驟

1．按照圖二用支座、支撐杆和雙嘴鉗組裝一個實驗台。用雙嘴鉗將固定針固定，並掛上 3 N/m的螺旋彈簧。

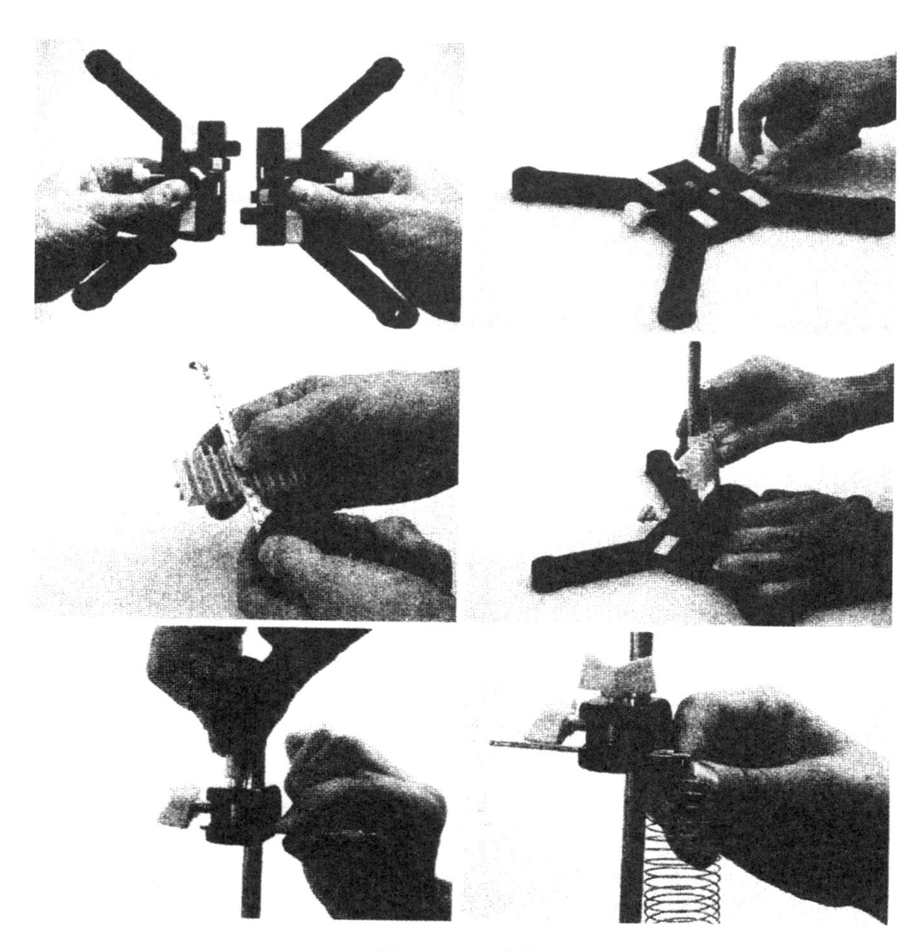

圖二　實驗裝置圖

2．調整測量帶的長度，使它的零標記跟螺旋彈簧的下端處位於相同水平面，如圖三所示。

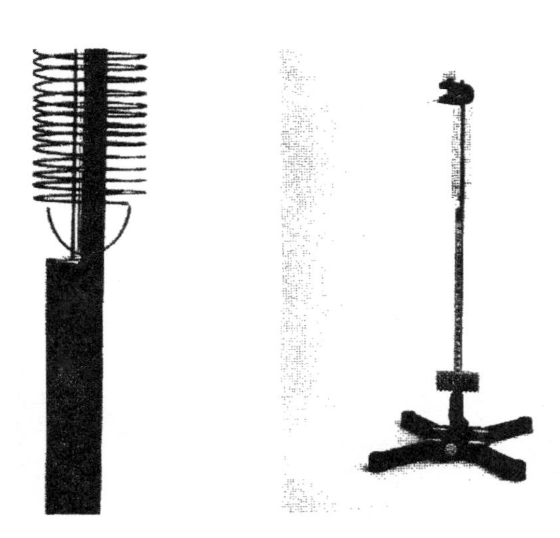

圖三　測量彈簧伸長量

3．將砝碼 (m＝10 g) 掛在彈簧的吊鉤上，並記錄伸長的長度 ΔL。

4．每次增加 10g 的砝碼質量，直到總質量為 50g，記錄長度變化 ΔL。並記錄所有質量 m 和伸長的長度 ΔL，將數值填入表格 (一)。

5．計算砝碼重力 (重量) ($F_g = m \times 0.00981$ (N/g)，將數值代入表格 (一)。

6．改變彈簧，將 20 N/m 的螺旋彈簧懸掛在固定針上，並移動測量帶，直到測量帶上的零刻度與彈簧底部重合。

7．將重量為 10g 的砝碼掛在彈簧底部 (總質量為 20g)，並記錄彈簧的伸長長度 ΔL。

8．每次增加 20g 的砝碼質量，直到總質量為 200g，測定對應的彈簧長度。並記錄所有質量 m 和伸長的長度 ΔL，將數值填入表格 (二) 當中。

9．計算砝碼重力 (重量) ($F_g = m \times 0.00981$ (N/g))，將數值填入表格 (二)。

五、注意事項

1．當拆開支撐架時，需先按壓黃色按鈕。

2．所使用的單位要正確。

實驗2　虎克定律實驗

系　別：________________　學　號：________________

組　別：________________　日　期：________________

姓　名：________________　評　分：________________

(註　實驗完畢立即填妥本實驗數據，送請任課教師核閱簽章。)

六、記錄

表格 (一)

螺 旋 彈 簧 (3 N/m)			
砝碼質量 m (g)	對應重力 F_g (N)	彈簧伸長量 ΔL (m)	彈力常數 k (N/m)

平均 k =

百分誤差=______%

表格 (二)

螺 旋 彈 簧 (20 N/m)			
砝碼質量 m (g)	對應重力 F_g (N)	彈簧伸長量 ΔL (m)	彈力常數 k (N/m)

平均 k =

百分誤差=______%

七、討論

1. 本實驗結果造成誤差的可能因素有哪些？

2. 將表格 (一) 與表格 (二) 所得之數據畫圖，並討論如何由圖形中得到彈力常數 k？

實驗 3

力的合成實驗

一、目的

在這個實驗中，質量塊的重力將用互成角度的兩個彈簧來測量，並且分別以平行四邊行法及分力法來驗證力之合成。

二、原理

力這個物理量不單純只是大小，它還有方向性，是一個向量。要求兩個或多個力的合力，必須用向量加法為之，如三角形法、平行四邊形法和多邊形法，但解題最常用的方法乃分力解析法，是以各方向分量獨立計算的一種方法。

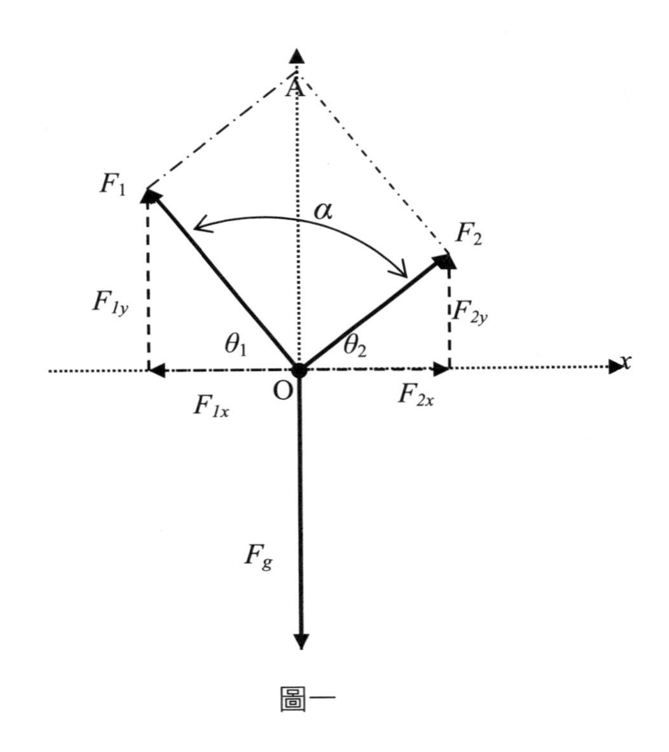

圖一

(一)平行四邊形法

考慮 F_1、F_2 與 F_g 三力達到平衡 (合力為零)。由圖一，F_1與 F_2 之合力之大小恰為其所形成平行四邊形法之對角線的長度 ($\overline{OA}$)，其大小 (長度) 等於 F_g。若 F_1 與 F_2 之夾角為 α，則由餘弦定律可得：

$$F_g^2 = \overline{OA}^2 = F_1^2 + F_2^2 - 2F_1F_2\cos(\pi - \alpha)$$

因此

$$F_g = (F_1^2 + F_2^2 + 2F_1F_2\cos\alpha)^{1/2} \qquad (1)$$

(二)分力解析法：

分力解析法乃將諸力分解成沿各座標軸之分量，當諸力達到平衡時，沿各座標軸之分量合應為零。而最常選擇之座標軸即直角座標軸。以圖一為例，選取之座標軸乃 x 與 y 軸。由圖一，若 F_1、F_2 與水平軸之夾角分別為 θ_1 及 θ_2，當 F_1、F_2 與 F_g 三力達到平衡時：

沿 y 軸合力為零：　$F_g = F_{1y} + F_{2y}$　(2)

沿 x 軸合力為零：　$F_{1x} = F_{2x}$　(3)

其中

$$F_{1x} = F_1\cos\theta_1，F_{1y} = F_1\sin\theta_1$$

$$F_{2x} = F_2\cos\theta_2，F_{2y} = F_2\sin\theta_2$$

三、實驗儀器

支座、支撐杆、雙嘴鉗、砝碼、帶槽的砝碼、彈簧秤 (1N)、彈簧秤 (2N)、彈簧秤支架、固定針、試管架、尼龍線、測量帶 (2m)。

四、實驗步驟

1．按照圖二利用支座、支撐杆和雙嘴鉗組裝一個實驗台。如下圖把砝碼掛在尼龍線中間圈上，注意尼龍線方向須和彈簧秤成一直線。

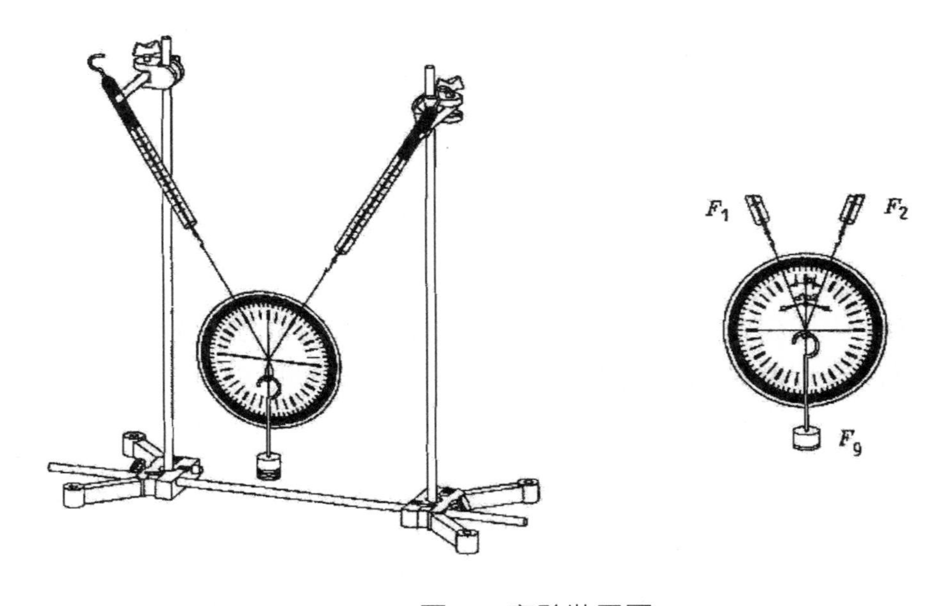

圖二　實驗裝置圖

2．參考圖一，以量角器分別量出 α、θ_1 以及 θ_2，並將數值填入記錄表格中。

3．分別以平行四邊形與分力法完成記錄表格(一) 與表格 (二)。

實驗3　力的合成實驗

系　別：＿＿＿＿＿＿＿＿　學　號：＿＿＿＿＿＿＿＿
組　別：＿＿＿＿＿＿＿＿　日　期：＿＿＿＿＿＿＿＿
姓　名：＿＿＿＿＿＿＿＿　評　分：＿＿＿＿＿＿＿＿

(註　實驗完畢立即填妥本實驗數據，送請任課教師核閱簽章。)

五、記錄

表格 (一) 平行四邊形法

砝碼質量 m (g)	砝碼重量 F_g (N)	F_1 (N)	F_2 (N)	夾角 α (°)	合力大小實驗值 $F_g=(F_1^2+F_2^2+2F_1F_2\cos\alpha)^{1/2}$ (N)	誤差 (%)

表格 (二) 分力解析法

砝碼質量 m (g)	砝碼重量 F_g (N)	F_1 (N)	F_2 (N)	θ_1 (°)	θ_2 (°)	合力實驗值 $F_g=F_1\sin\theta_1+F_2\sin\theta_2$ (N)	誤差 (%)

六、討論

1. 本實驗結果造成誤差的可能因素有哪些？

2. 表格 (一) 與表格 (二) 所得之數據在方格紙上精確畫圖。

實驗 4

摩擦係數測定實驗

一、目的

1．研究摩擦力是否取決於接觸面的面積。
2．研究摩擦力是否取決於負載，即重量。

二、原理

當一物體 (或系統) 在另一物體表面上運動時，兩個物體接觸的介面會互相阻礙對方運動而產生阻力作用。這些阻力來自於物體與周遭環境 (例如，表面粗糙、有黏滯性) 間的相互作用，被稱為摩擦力;摩擦力由運動的觀點分為靜摩擦力與動摩擦力兩種，一般而言，最大靜摩擦力 $f_{s,\max}$ 都大於動摩擦力 f_k ，其中：

$$f_{s,\max} = \mu_s N$$
$$f_k = \mu_k N$$

上式中， μ_s 稱為靜摩擦係數，而 μ_k 稱為動摩擦係數，其與二物接觸面的狀況有關摩擦力與正向力 (N) 成正比。正向力 (N) 乃垂直於接觸面之作用力，當物體平放而拉力在水平方向時，正向力通常為物重 F_{g}。因此由上式，我們可以將靜摩擦係數 μ_s 或動摩擦係數 μ_k 求出，即

$$\mu_s = \frac{f_{s,\max}}{N} \qquad (1)$$

$$\mu_k = \frac{f_k}{N} \qquad (2)$$

摩擦力的方向永遠與物體想要運動或運動的方向相反，而且是與接觸面平行，且摩擦係數幾乎與接觸面的大小無關。

靜摩擦力是維持物體靜止不動，如果作用在系統的力增加，靜摩擦力也跟著增加，如果力減少，靜摩擦力也隨之減少。 $f_{s,\max}$ 指的是兩相對靜止的物體在即將出現相對運動前的最大靜摩擦力，所以一般靜摩擦力 f_s 應該不大於 $f_{s,\max}$ ，而當靜摩擦力等於最大靜摩擦力時，二物的接觸面剛要開始相對滑動。若當物體在運動時，物體與接觸面間的作用力為動摩擦力。雖然動摩擦係數 μ_k 會隨物體移動的速率改變，我們一般都忽略此種變化，而把動摩擦力當做是固定。

一般摩擦力與外力之間的關係如圖一所示：

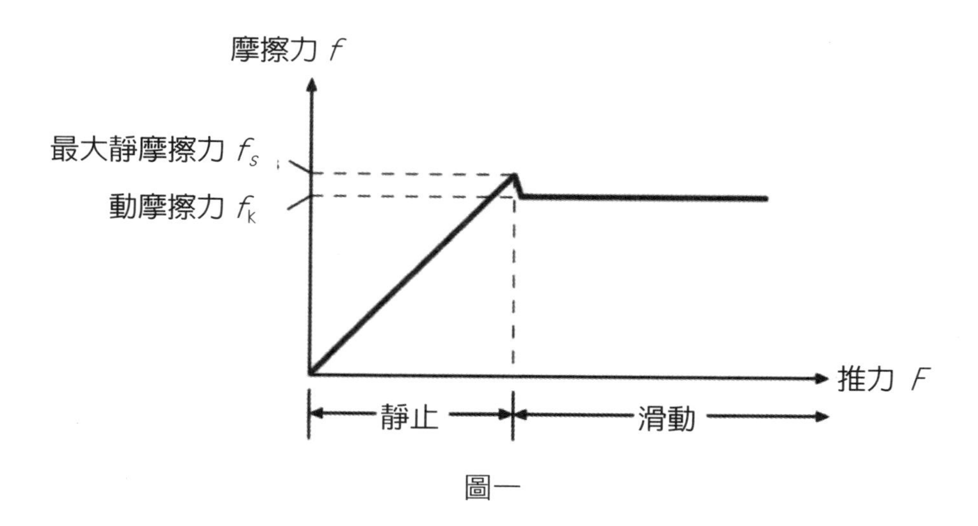

圖一

三、實驗儀器

摩擦塊，彈簧秤 (1N)，帶槽的砝碼 (50g)，固定針，游標卡尺。

四、實驗步驟

(一) 摩擦力與接觸面積的關係

1．將摩擦木塊的寬邊放在桌子上，讓它的橡膠面朝上 (圖二) 游標卡尺測定它的長度 a 和寬度 b，將數值填入表格 (一)。

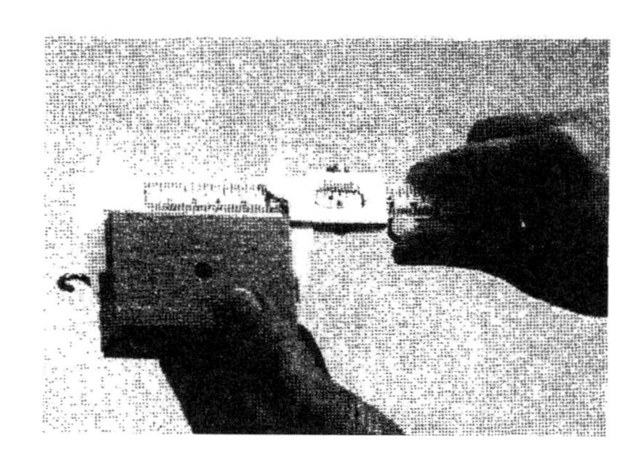

圖二

2．如圖三，用彈簧秤拉摩擦塊並讀取開始滑動時摩擦力 $f_{s,\max}$ (最大靜摩擦力)。將數值填入表格 (一)。

圖三

3．用彈簧秤測定摩擦塊的重量 F_g，此時正向力 (N) 大小即為 F_g，利用 (1) 式求出靜摩擦係數 μ_s，將值填入表格 (一)。

4．將摩擦塊翻過來，使小面與桌子接觸 (圖四)，測定它的高度 c，並重複上述步驟，記錄測量值填入表格 (一)。

圖四

(二) 摩擦力與負載的關係

1．如圖五，用彈簧秤測定摩擦塊的重力 F_g (包括固定針)，將數值填入表格 (二) 之中。

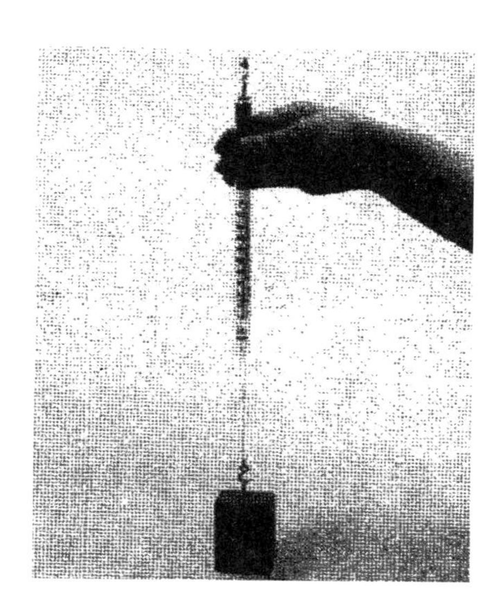

圖五

2．將帶橡膠膜和固定針的摩擦塊放在桌上。以彈簧秤拉它，並讀取開始滑動時的摩擦力 $f_{s,\max}$ (最大靜摩擦力)，將數值填入表格 (二) 之中。

3．將質量片放在固定針上，以彈簧秤拉動，再次讀取最大靜摩擦力，將值填將數值填入表格 (二) 之中。

4．如圖六，重複實驗，在摩擦塊上放 2 個，然後放 3 個質量片，測量每組的最大靜摩擦力，將值填入表格 (二)。

圖六

五、注意事項

1．所使用的單位要正確。

2．實驗時木塊必須在相同位置。

實驗4　摩擦係數測定實驗

系　別：________________　學　號：________________

組　別：________________　日　期：________________

姓　名：________________　評　分：________________

(註　實驗完畢立即填妥本實驗數據，送請任課教師核閱簽章。)

六、記錄

表格 (一) 摩擦力與接觸面積的關係

邊長 a (cm)	邊長 b (cm)	邊長 c (cm)	接觸面積 A (cm^2)	最大靜摩擦 $f_{s,max}$ (N)	靜摩擦係數 μ_s
		—			
	—				

表格 (二) 摩擦力與負載的關係

	總重量 F_g (N)	最大靜摩擦 $f_{s,max}$ (N)	靜摩擦係數 μ_s
帶固定針之木塊			
＋ 10 g 質量片			
＋ 20 g 質量片			
＋ 30 g 質量片			
＋ 40 g 質量片			
＋ 50 g 質量片			
＋ 60 g 質量片			
＋ 70 g 質量片			
＋ 80 g 質量片			

七、討論

1. 當接觸面積改變時，最大靜摩擦力是否會改變？

2. 當掛重改變時最大靜摩擦力是否會改變？靜摩擦係數是否會改變？

3. 由本實驗，你覺得影響摩擦力的有哪些因素？

實驗 5

斜面加速度運動實驗

一、目的

探討物體沿斜面向下運動時，因重力所產生的加速度和斜面傾斜角度的關係。

二、原理

本實驗之基本原理相當容易。試考慮一質量為 **m** 的物體在一與水平面斜角為 θ 的無摩擦斜面上 (如圖一)。此物體的運動由重力 **mg** 沿斜面方向的分量 **F** 決定，大小為：

$$\mathbf{F = mg \sin \theta} \qquad (1)$$

$$\mathbf{a = g \sin \theta} \qquad (2)$$

$$\sin\theta = h/s \qquad (3)$$

其中 h、s 分別為斜面的高度與長度

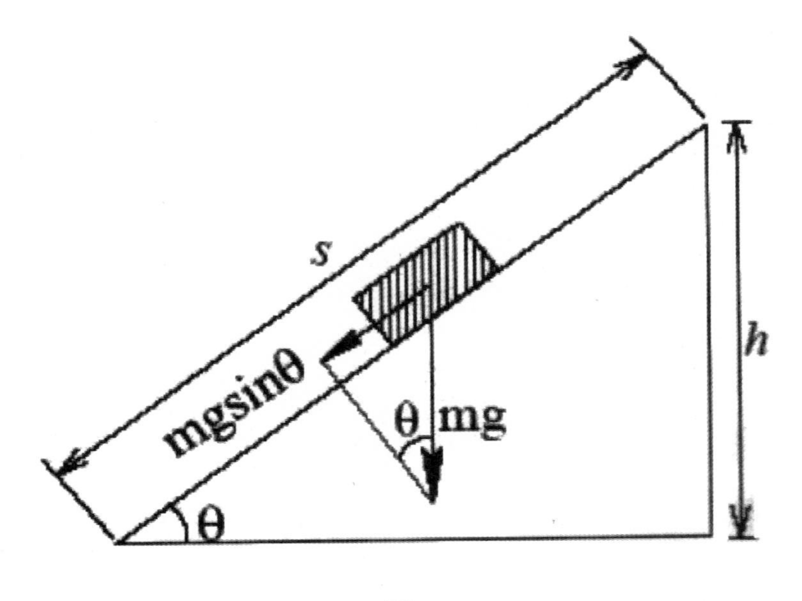

圖一

三、實驗儀器（含儀器架設方法）

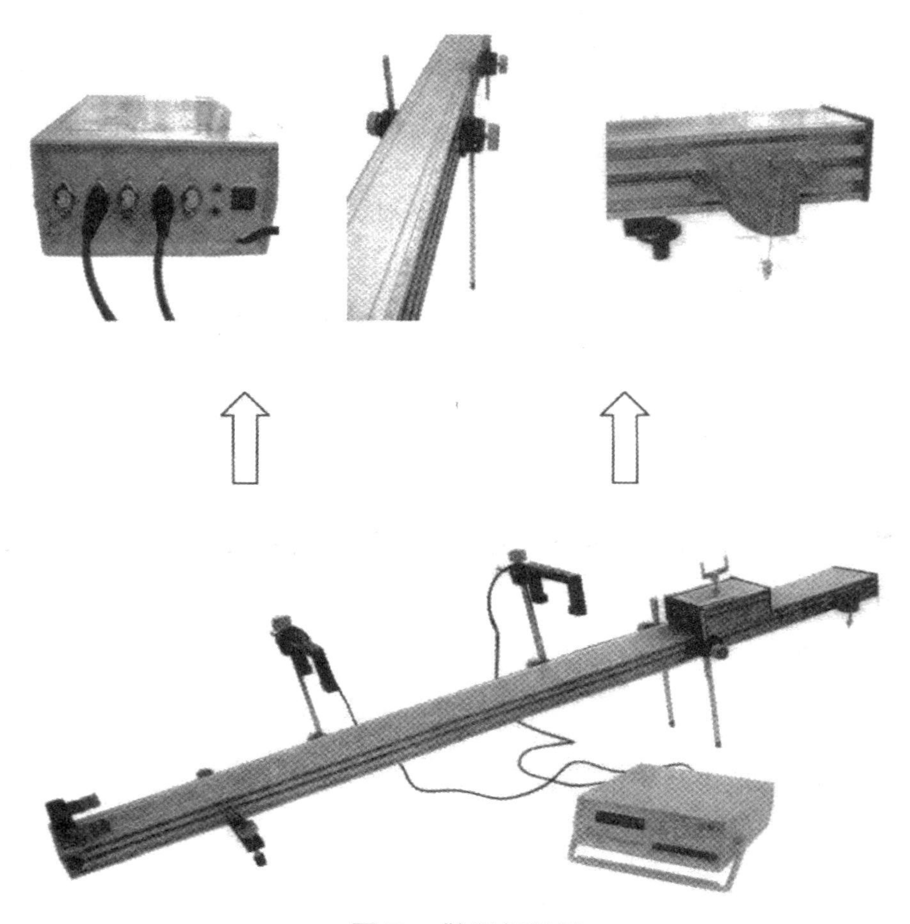

圖二　儀器架設圖

1．此實驗基本架設和牛頓第二運動定律大致相同。不同的地方在於將斜面支架利用軌道邊的零件固定夾架設起來，並將軌道其中一端的塑膠邊蓋卸下，把角度尺裝入如圖二所示。調整斜面支架和零件固定夾的位置可改變軌道傾斜的角度。

2．開啟光電計時器電源，按「Function」鍵直到「Acceleration (加速度)」功能指示燈亮起，如圖三。並長按「Changeover」鍵，此鍵的功能為改變視窗顯示的單位為時間或速率；長按的功能則是改變內部對於速率計算時，速率遮光板的長度，內部設計有 1、3、5、10cm，4 種尺寸，將尺寸設定為 5cm。如圖四。接下來將滑車通過的第一個光電閘接「P1」，第二個光電閘接「P2」。

圖三　　　　　　　　　　圖四

3．將滑車移動到滑輪和阻擋裝置的相反方向後，將光電計時器設定如步驟 2，放開滑車後滑車因加重砝碼拉動而產生加速運動並通過兩光電閘 (需注意光電閘高度是否能感測到速度遮光板)，光電計時器將會依序顯示滑車通過兩光電閘時的速度及光電閘 1 到光電閘 2 之間的加速度。如圖五 (圖中數值為參考，以實驗當中實際數值為主)。光閘 1 和 2 單位為 cm/s，1-2 顯示單位為 cm^2/s。重覆實驗 3 至 5 次後，將實驗數據記錄下來。

圖五

4．θ 為角度尺所顯示角度。但需注意在裝設角度尺時其上邊需和軌道平行再鎖緊固定螺絲，此時的角度才準確。若需做更傾斜的角度，只需將斜面支架往軌道中央移動即可。

實驗5　斜面加速度運動實驗

系　別：＿＿＿＿＿＿＿＿　學　號：＿＿＿＿＿＿＿＿

組　別：＿＿＿＿＿＿＿＿　日　期：＿＿＿＿＿＿＿＿

姓　名：＿＿＿＿＿＿＿＿　評　分：＿＿＿＿＿＿＿＿

(註　實驗完畢立即填妥本實驗數據，送請任課教師核閱簽章。)

四、記錄

斜面加速度理論值 $a = g\sin\theta$　　$g = 978\ \text{cm/s}^2$

斜面加速度實驗值 $a = \dfrac{v_1 - v_2}{\Delta t}$

(Δt ：通過兩光電閘的時間，v_1，v_2：通過光電閘 1，2 的速率)

表格 (一) 斜面角度 $\theta =$ ___°

次數	速度理論值 a (cm/s^2)	Δt (s)	v_1 (cm/s)	v_2 (cm/s)	加速度實驗值 a (cm/s^2)	百分誤差 (%)
1						
2						
3						
4						
5						

表格(二) 斜面角度 $\theta =$ ___°

次數	速度理論值 a (cm/s^2)	Δt　(s)	v_1 (cm/s)	v_2 (cm/s)	加速度實驗值 a (cm/s^2)	百分誤差 (%)
1						
2						
3						
4						
5						

五、討論

1. 斜面運動中，若使用兩質量不同的滑車做實驗，其加速度是否會相同？

2. 本實驗結果造成誤差的可能因素有哪些？

實驗 6

牛頓第二運動定律實驗

一、目的

觀察滑車在軌道上受力的運動，驗證牛頓第二運動定律。

二、原理

牛頓第二運動定律為物體在忽略摩擦力和空氣阻力等外力的情況下，加速度和其所受外力的大小成正比，和物體的質量成反比。以方程式表示為：

$$\mathbf{F} = \mathbf{Ma} \tag{1}$$

式中 **F** 為物體所受外力的總和，**M** 為物體質量，**a** 為物體移動加速度。

本實驗利用下列兩種方法證明牛頓第二運動定律：

(一) 固定受力物體的質量，改變施力的大小，觀察加速度與施力的關係。

(二) 固定施力的大小，改變受力物體的質量，觀察加速度與質量的關係。

本實驗之基本設計如圖一 。以 m_2g 的重力來加速質量，則在不考慮摩擦力情況下，加速度的理論值 (a_{th})為：

$$a_{th} = \frac{m_2}{m_1 + m_2} g \tag{2}$$

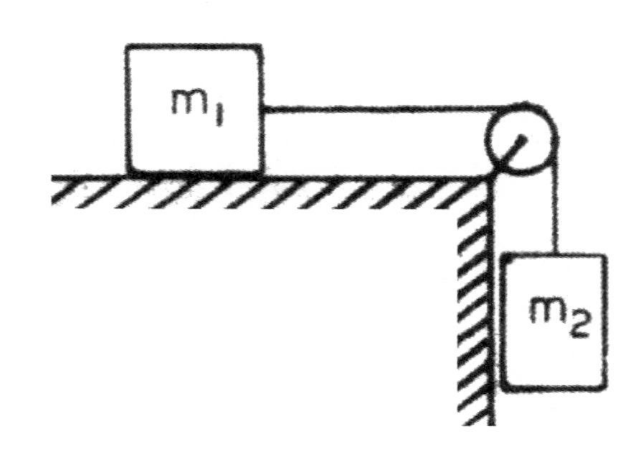

圖一

三、實驗儀器（含儀器架設方法）

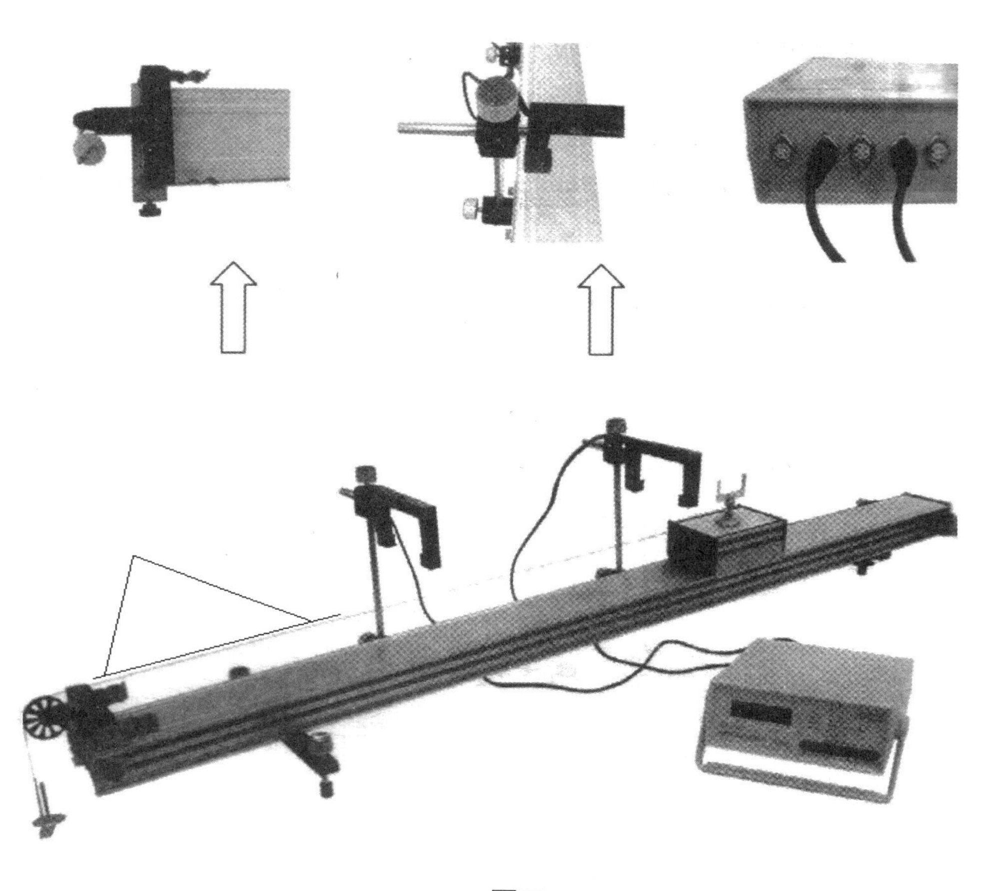

圖二

圖三

圖四

1．儀器架設方法如圖二，利用水平儀調整滑軌至水平位置，如圖三；並量測滑車 (含配件) 及懸吊 L 型砝碼架重量記錄之。同時調整光電閘高度，使光電閘能確實偵測到滑車上速度遮光板。

2．將L型砝碼架綁上實驗繩，繩子另一端繫於滑車上的遮光板固定柱。如圖四。

3．開啟光電計時器電源，按「Function」鍵直到「Acceleration (加速度)」功能指示燈亮起，如圖五。並長按「changeover」鍵，此鍵的功能為改變視窗顯示的單位為時間或速率；長按「changeover」鍵的功能則是改變內部對於速率計算時，速率遮光板的長度，內部設計有 1、3、5、10cm，4 種尺寸，將尺寸設定為 5cm。如圖六。接下來將滑車通過的第一個光電閘接「P1」，第二個光電閘接「P2」。

圖五

圖六

4．將滑車上放置 2 塊 10g 的加重砝碼，法碼架上放置 1 塊 10g 的加重砝碼。

5．將滑車移動到滑輪和阻擋裝置的反方向後，將光電計時計設定如步驟 2，放開滑車後滑車因加重砝碼拉動而產生加速運動並通過兩光電閘 (需注意光電閘高度是否能感測到速度遮光板)，光電計時器將會依序顯示滑車通過兩光電閘時的速度及光電閘 1 到光電閘 2 之間的加速度。如圖七 (圖中數值為參考，以實驗當中實際數值為主)。光閘 1 和 2 單位為 cm/s 1-2 顯示單位為 cm^2/s。重覆實驗 3 至 5 次後，將實驗數據記錄下來。(註1)

(註1)：m_1 為滑車及車上砝碼總質量；m_2 乃砝碼架以及砝碼總質量。

圖七

6．將滑車上移去 1 塊 10g 的加重砝碼放置到懸吊砝碼架上，並重覆步驟 4。以此類推將滑車上的砝碼依序掛到懸掛砝碼架上實驗，觀察當總質量不變時，外力增加使滑車加速度改變的不同。也可針對滑車本身質量不變，外力和總質量增加做實驗，觀察是否符合公式 (2)。

實驗6　牛頓第二運動定律實驗

系　別：________________　學　號：________________

組　別：________________　日　期：________________

姓　名：________________　評　分：________________

(註　實驗完畢立即填妥本實驗數據，送請任課教師核閱簽章。)

四、記錄

m_1 為滑車及車上砝碼總質量；m_2 乃砝碼架以及砝碼總質量

加速度的理論值 $a_{th} = \dfrac{m_2}{m_1 + m_2} g$

重力加速度 g 值取 978.426 cm/s^2

次數	m_1 (g)	m_2 (g)	加速度實驗值 a (cm/s^2)	加速度理論值 a_{th} (cm/s^2)	百分誤差 (%)
1					
2					
3					
4					
5					
6					
7					
8					
9					
10					

五、討論

1. 若把本實驗儀器移至月球上重做實驗，結果是否相同？

2. 倘若在無重力的情況下，是否可以本實驗裝置驗證牛頓第二運動定律？倘若不能，你如何設計一實驗來驗證牛頓第二運動定律？

3. 本實驗結果造成誤差的可能因素有哪些？

實驗 7

向心力實驗

一、目的

研究物體繞著軸心作等速率圓周運動時，向心力 F 和旋轉體質量 m、物體至軸心的轉動半徑 r 和物體轉動角頻率 ω 之間的相互關係。

二、原理

等速率圓周運動是一個物體以一定速率繞著圓形路徑的運動，當一個質量為 m 的物體在半徑 r 的圓形路徑上，以等速率 v 作水平圓周運動時，雖然物體的速率保持固定，但因速度的方向一直在改變，故此一質點實際上是在作變速度運動，且加速度的方向恆指向圓周運動軌跡的圓心，故稱之為向心加速度 a。其大小和速度 v 及圓周運動半徑間的關係為：

$$a = \frac{v^2}{r} \tag{1}$$

根據牛頓第二運動定律，物體有加速度，則必有一淨力作用在此物體質點上，此淨力 F 的方向與向心加速度 a 的方向相同。在任何時刻此力恆指向圓心，故稱為向心力。此向心力的大小與運動物體的質量 m、旋轉週期 T、旋轉半徑 r 及角頻率 ω 間的關係如 (2) 式：

$$F = m\frac{v^2}{r} = mr\omega^2 \tag{2}$$

式中切線速率 $v = r\omega$，可由物體圓周運動的的週期求得：

$$v = \frac{2\pi \cdot r}{T} = r\omega \tag{3}$$

由上 (2)、(3)式可得到作用在物體的向心力 F 與旋轉週期 T 的關係如下：

$$F = m\frac{4\pi^2 r}{T^2} \tag{4}$$

本實驗藉由改變旋轉物體的質量 m、轉動半徑 r 和向心力 F 等三個不同的物理量，使物體做各種不同的圓周運動。由量測物體在不同的實驗條件下進行等速率圓周運動時的週期 T，以探討圓周運動的基本關係式和向心力與質量、轉動半徑、轉動速度三者之關係。

(一) 固定向心力 F_i 和旋轉體質量 m，改變轉動半徑 r 求轉動週期 T 與實驗向心力。

(二) 固定轉動半徑 r 和旋轉體質量 m，改變向心力 F_i，求轉動週期 T 與實驗向心力 F_t。

(三) 固定向心力 F_i 和轉動半徑 r，改變旋轉體質量 m，求轉動週期 T 與實驗向心力 F_t。

三、實驗儀器

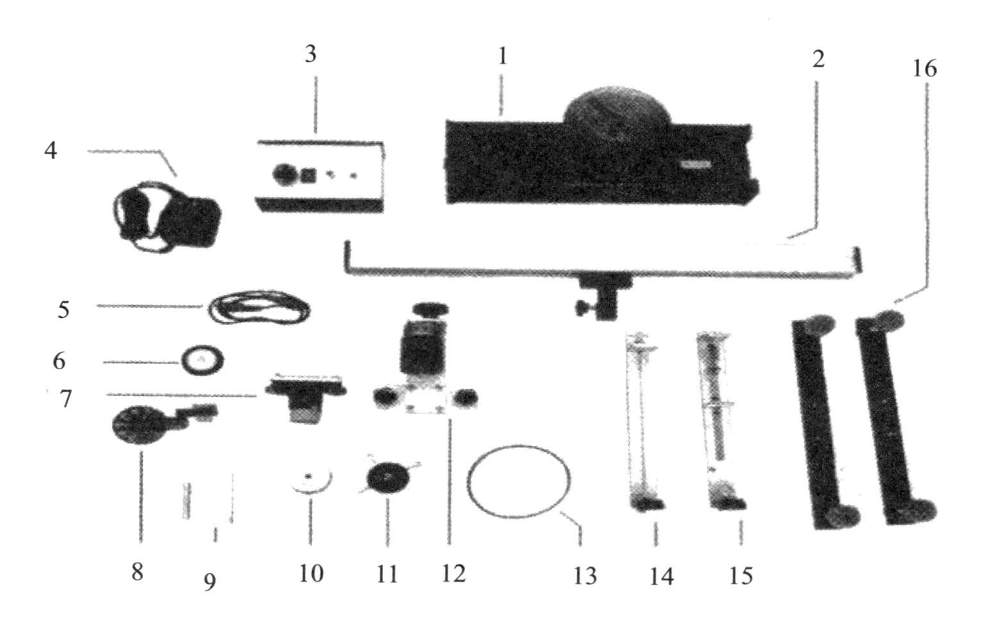

圖一　實驗配件圖

項次	配件名稱	數量	項次	配件名稱	數量
1	圓周運動實驗平台	1	9	L 型砝碼架 (25g)	1
2	鋁尺平台	1	10	砝碼 (10g)	8
3	轉速調節器	1	11	旋轉體 (未加重前 100g)	1
4	直流電源供應器 (9V)	1	12	直流轉動馬達	1
5	AV 端子導線	1	13	帶動皮帶	1
6	水平儀	1	14	旋轉體懸掛架	1
7	移動式接頭 (B)	1	15	向心力指示器	1
8	滑輪	1	16	兩點調整腳	2

四、實驗步驟

1．將實驗儀器如圖二所示架設。將光電閘接上光電計時器，馬達連接於轉速調節器。

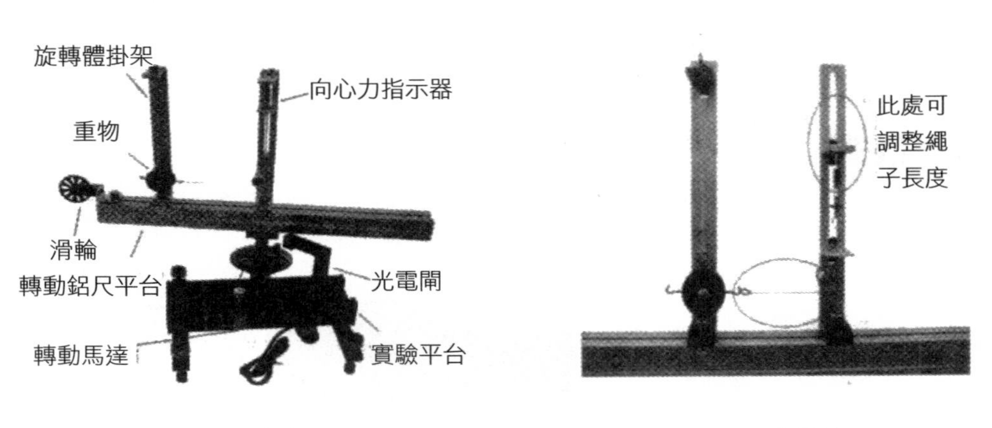

圖二　　　　圖三

2．先調整旋轉體至向心力指示器間的距離，此距離即為旋轉體旋轉半徑，指示器和懸掛架底部皆有視窗可以觀察鋁尺平台上的刻度。之後調整指示器上的彈簧高度，使重物能自然垂下，重物到指示器滑輪間的綁線不要太緊，如圖三所示。

3．再將 L 型砝碼架和旋轉體透過滑輪連接在一起，一開始在 L 型砝碼架上先加 1 個 10g 砝碼，L 型砝碼架質量為 25g，因此懸掛總重量為 35g，此為等速率圓週運動向心力的初始設定值 F_i。旋轉體在未加砝碼前為 100g。在架設時注意向心力指示器滑輪、重物、滑輪三者之問的綁線必須調整為水平，旋轉體高度可由旋轉體懸掛架上方的槽溝做調整，如圖四所示。

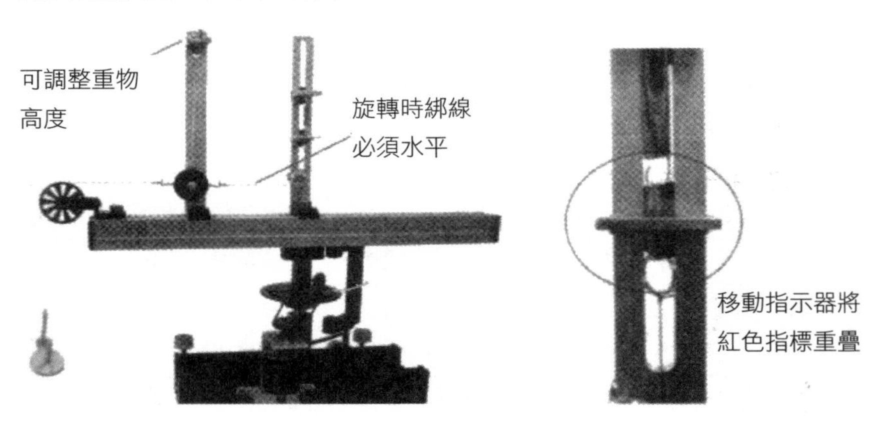

圖四　　　　圖五

4．紅色指標因彈簧受砝碼重力伸長而被往下拉，將指示器移動至紅色指標處使兩者重疊，此時指示器的位置代表彈簧受外力 (砝碼與砝碼架) 所產生之伸長量。如圖五所示。

5．指示器設定好後將砝碼架和滑輪卸下，紅色指標會受彈簧恢復力而往上移動。如圖六。開啟轉速調節器開關，調整馬達轉速旋鈕，使馬達帶動鋁尺平台旋轉。轉速調節器如圖七所示。

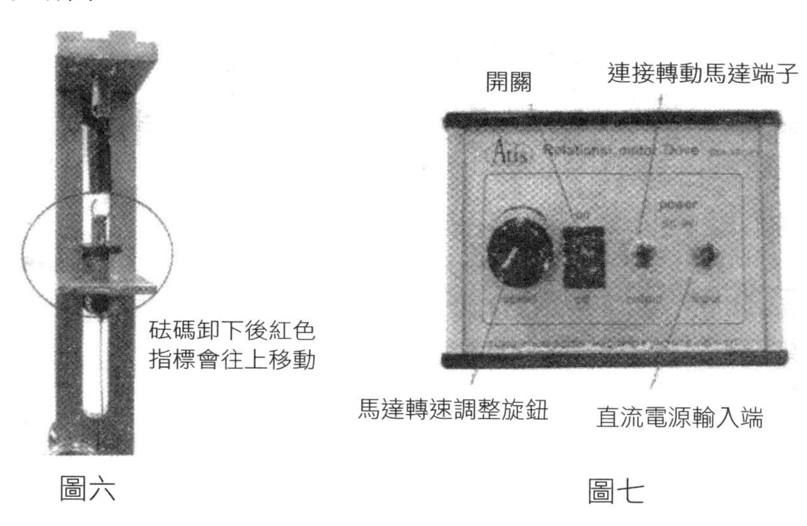

圖六　　圖七

6．旋轉體旋轉後因向心力作用將紅色指標向下拉，此時調整馬達轉速旋鈕，控制紅色指標和指示器重疊，回復到如圖 5 所示。當兩者重疊時，代表向心運動所產生之向心力與先前砝碼重 (砝碼和砝碼架) 相等。

7．調整好轉速後觀察光電計時器所測得的旋轉週期 T，並記錄下來。建議多取幾次平均值。

8．將轉動半徑 r、重物質量 m 旋轉週期T代入 (4) 式中求出向心力實驗值，並和實驗開始時所懸掛的砝碼重量的向心力設定值界 F_i 做比較，驗證實驗原理。

五、實驗步驟

1．所使用的單位要正確。

2．觀看紅色指標時需注意安全，因為鋁尺平台在旋轉，小心別被儀器撞擊到！

實驗7　向心力實驗

系　別：＿＿＿＿＿＿＿＿　學　號：＿＿＿＿＿＿＿＿

組　別：＿＿＿＿＿＿＿＿　日　期：＿＿＿＿＿＿＿＿

姓　名：＿＿＿＿＿＿＿＿　評　分：＿＿＿＿＿＿＿＿

(註　實驗完畢立即填妥本實驗數據，送請任課教師核閱簽章。)

六、記錄

(一) 固定旋轉體質量 m 和向心力 F_i 設定值 (砝碼總重)，改變半徑 r 測量週期求得向心力實驗值 F_t，驗證向心力實驗值 F_t 和旋轉半徑 r 之關係。

旋轉體質量 m (kg)	向心力設定值 F_i（砝碼總重）(N)	旋轉半徑 r (m)	轉動週期 T (s)	向心力實驗值 F_t (N)	百分誤差 (%)

註：向心力實驗值 $F_t = m\dfrac{4\pi^2 r}{T^2}$，向心力實驗值 F_t 計算出來單位為牛頓 (N)，和向心力設定值界 F_i 做比較時需做單位的轉換 (利用 1gw=0.0098 N)

(二) 固定旋轉體質量 m 和旋轉半徑 r 改變向心力設定值 F_i，驗證向心力實驗值 F_t 和轉動週期 T 和角速度 ω 之關係。

旋轉體質量 m (kg)	向心力設定值 F_i（砝碼總重）(N)	旋轉半徑 r (m)	轉動週期 T (s)	向心力實驗值 F_t (N)	百分誤差 (%)

(三) 固定半徑和向心力設定值，改變旋轉體質量，驗證向心力實驗值 F_t 和旋轉體質量 m 之關係。

旋轉體質量 m (kg)	向心力設定值 F_i（砝碼總重）(N)	旋轉半徑 r (m)	轉動週期 T (s)	向心力實驗值 F_t (N)	百分誤差 (%)

七、討論

1. 此實驗容易產生誤差的原因為何？

2. 依實驗結果可以得知當旋轉體做等速率圓周運動時，旋轉體離圓心越遠時，產生的向心力是越大還是越小？

3. 依實驗結果可以得知當旋轉體做等速率圓周運動時，旋轉體的質量越大，產生的向心力是越大還是越小？

4. 依實驗結果可以得知當旋轉體做等速率圓周運動時，旋轉的速率越快，產生的向心力是越大還是越小？

實驗 8

碰撞實驗

一、目的

研究物體在碰撞前後之運動現象，以驗證動量不滅、動能損失情形及判別碰撞種類。

二、原理

假設兩滑體質量分別為 m_1、m_2，碰撞前速度為撞後速度為 $\boldsymbol{v_1}$、$\boldsymbol{v_2}$，碰撞後速度各為 $\boldsymbol{u_1}$、$\boldsymbol{u_2}$ 依據動量不滅定律則：

$$m_1\boldsymbol{v}_1 + m_2\boldsymbol{v}_2 = m_1\boldsymbol{u}_1 + m_2\boldsymbol{u}_2$$

又兩物體碰撞前速度差 $\boldsymbol{v}_1 - \boldsymbol{v}_2$，與碰撞後速度差 $\boldsymbol{u}_2 - \boldsymbol{u}_1$ 之比值稱為恢復係數 e ($e = \dfrac{u_2 - u_1}{v_1 - v_2}$)，則：

(i) 當 $e = 1$ 稱為完全彈性碰撞

(ii) 當 $0 < e < 1$ 稱為非完全彈性碰撞

(iii) 當 $e=0$ 稱為完全非彈性碰撞

故當完全彈性碰撞 ($e=1$)，則表示動量守恆、動能守恆，因此

$$m_1\boldsymbol{v}_1 + m_2\boldsymbol{v}_2 = m_1\boldsymbol{u}_1 + m_2\boldsymbol{u}_2 \qquad \text{動量守恆}$$

$$\frac{1}{2}m_1v_1^2 + \frac{1}{2}m_2v_2^2 = \frac{1}{2}m_1u_1^2 + \frac{1}{2}m_2u_2^2 \qquad \text{動能守恆}$$

而一般實際碰撞其恢復係數 e 常介於 0 到 1 之間，故當非完全彈性碰撞 $0 < e < 1$ 時，動能會有所損失，因此：

碰撞前動能為 $K_i = \dfrac{1}{2}m_1v_1^2 + \dfrac{1}{2}m_2v_2^2$

碰撞後動能為 $K_f = \dfrac{1}{2}m_1u_1^2 + \dfrac{1}{2}m_2u_2^2$

動能損失率 (%) $= \dfrac{|\Delta K|}{K_i} \times 100\% = \dfrac{|K_f - K_i|}{K_i} \times 100\%$

當完全非彈性碰撞時 $e=0$ 時，則碰撞後 $u_1 = u_2 = u$，因此

碰撞前動能為 $K_i = \frac{1}{2}m_1 v_1^2 + \frac{1}{2}m_2 v_2^2$

碰撞後動能為 $K_f = \frac{1}{2}(m_1 + m_2)u^2$

動能損失率 (%) $= \frac{|\Delta K|}{K_i} \times 100\,\% = \frac{|K_f - K_i|}{K_i} \times 100\,\%$

三、實驗儀器

項次	配件名稱	數量	項次	配件名稱	數量
1	彈性碰撞儀	1	2	滑體	2
3	砝碼感應器	2	4	電腦數據擷取器	2
2	細繩	2			

四、實驗步驟

1．將儀器擺放如上圖，調整碰撞儀至水平位置、並量測滑車重量。

2．打開電腦及數據擷取器，設定所要的實驗條件 (時間約 10 秒)，並將位移感應器歸零。

3．按下開始鍵擷取數據，此時輕推滑體。

4．待數據擷取完畢時，依所需的實驗條件，利用工具欄內的方程式精靈，轉換所要的數據值。

5．將求得的數據代入公式驗證是否合乎彈性碰撞理論。

實驗8 碰撞實驗

系 別：＿＿＿＿＿＿＿＿ 學 號：＿＿＿＿＿＿＿＿

組 別：＿＿＿＿＿＿＿＿ 日 期：＿＿＿＿＿＿＿＿

姓 名：＿＿＿＿＿＿＿＿ 評 分：＿＿＿＿＿＿＿＿

(註 實驗完畢立即填妥本實驗數據，送請任課教師核閱簽章。)

五、實驗記錄

物體 m_1 追撞靜止的物體 m_2			
物體 m_1 質量 (kg)		物體 m_2 質量 (kg)	
碰撞前 m_1 速度 v_1 (m/s)		碰撞前 m_2 速度 v_2 (m/s)	
碰撞後 m_1 速度 u_1 (m/s)		碰撞後 m_2 速度 u_2 (m/s)	
碰撞前系統總動能 K_i (J)			
碰撞後系統總動能 K_f (J)			
動能損失率 (%)			
碰撞前系統總動量			
碰撞後系統總動量			
動量變化率 (%)			

六、討論

1. 依實驗數據判斷此實驗為哪一碰撞種類？

2. 說明彈性碰撞與非彈性碰撞的異同。

3. 理論上碰撞前後動量應守恆，討論為何實驗上碰撞前後動量無法守恆？

實驗 9

線膨脹係數測定實驗

一、目的

利用測微錶測金屬棒受熱伸長之量，並算出其線膨脹係數。

二、原理

固體受熱後溫度上升，構成固體之原子即以較大的振幅振動，原子間的距離因而增大，產生固體受熱膨脹的巨觀現象。為分別各不同物質受熱膨脹之能力，我們定義了「體膨脹係數」α

$$\alpha = \frac{1}{V}\left(\frac{\partial V}{\partial T}\right)_P \qquad (1)$$

亦即在定壓下，固體體積對溫度之變率，除以固體體積而得之商數。由定義中可看出，體膨脹係數愈大的物質對溫度變化的反應愈敏感【即 $\left(\frac{\partial V}{\partial T}\right)_P$ 愈大】，而體積增加的結果亦將增加對溫度變化之敏感度【即 $1/V$ 愈小 $\left(\frac{\partial V}{\partial T}\right)_P$ 愈大】。

以上討論者，乃是體積膨脹之情況。如果我們只關心一維空間下固體膨脹的問題(例如在計算鐵軌間預留空隙之寬度，以避免因熱脹而產擠壓的問題時)，則使用線膨脹係數 α_L 來考慮問題較為方便，線膨脹係數一般定義為：

$$\alpha_L = \frac{1}{L}\left(\frac{\partial L}{\partial T}\right)_P \qquad (2)$$

在尋常溫度變化範圍內 α_L 不隨溫度變化，則將 (2) 式積分可得

$$\begin{aligned}\alpha_L(T - T_0) &= \ell n L - \ell n L_0 \\ &= \ell n\left(\frac{L}{L_0}\right) = \ell n\left(\frac{L+\Delta L}{L_0}\right) \\ &= \ell n\left(1+\frac{\Delta L}{L_0}\right)\end{aligned} \qquad (3)$$

把 (3) 式中等號右邊之 $\ell n\left(1+\frac{\Delta L}{L_0}\right)$ 以泰勒級數對 1 展開，忽略 $\frac{\Delta L}{L_0}$ 二次方以上各項 (因為 $\frac{\Delta L}{L_0} << 1$)，則

$$\ell n(1+\frac{\Delta L}{L_0}) \approx \frac{\Delta L}{L_0} = \frac{L-L_0}{L_0}$$

故 (3) 式可改寫成

$$L = L_0[1+\alpha_L(T-T_0)] = L_0(1+\alpha_L \Delta T)$$

亦即

$$\alpha_L = \frac{L-L_0}{L_0 \Delta T} = \frac{\Delta L}{L_0 \Delta T} \tag{4}$$

本實驗即是以測微錶來測量金屬長度之增加量 ΔL ，作出伸長量與溫度之關係圖，求其斜率再計算出線膨脹係數 α_L。當金屬棒的溫度增高時，長度會增加，我們用測微錶量得此增加量，並從溫度的變化量和金屬棒末加溫時的長度，就可以計算出線脹係數了。

三、實驗儀器

線膨脹儀 (底座、蒸汽護管、測微錶、燈泡)、蒸汽鍋、乾電池、溫度計、米尺、連接線、待測物 (銅棒、鋁棒、不銹鋼棒)。

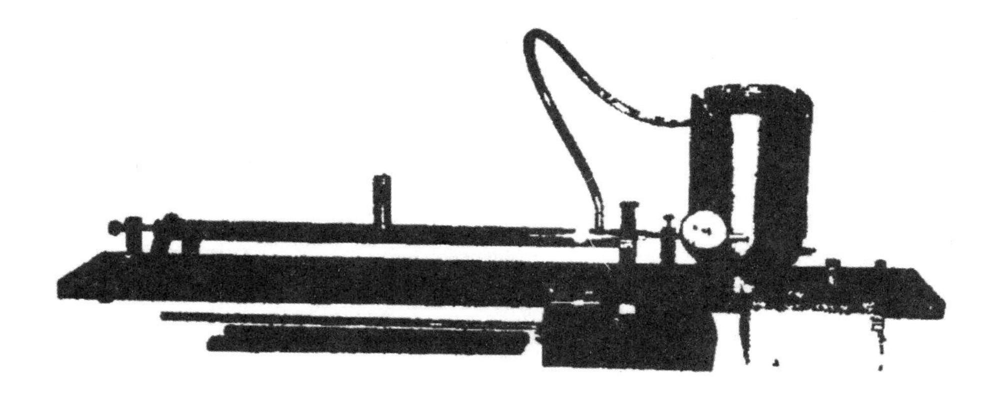

圖一　實驗裝置圖

四、實驗步驟

1．先記錄室溫 T_1，並以米尺測量待測金屬棒在室溫時之長度 L_0。

2．然後將待測金屬棒放入蒸汽護管中，慢慢調整量錶直到兩者確實微微接觸，然後將量錶歸零。

3．等蒸氣鍋加熱後，蒸汽進入蒸汽護管，溫度每增加約 10℃ 時，記錄溫度計之讀數為 T_2，並記錄測微錶指針的增加量 ΔL ，直到溫度不再上升為止。若溫度上升太快，不易測量，則亦可先加熱至 95℃，然後冷卻時再讀測微錶讀數。

4．使用 (4) 式求得金屬棒之線膨脹係數，記錄於表格之中。

5．取另一支金屬棒，重覆上述步驟。

五、注意事項

1．蒸汽鍋加熱前，需檢查鍋之水是否足夠，加熱後亦需隨時查看鍋內之水位變化，以防水燒乾了，蒸汽鍋蓋向上衝開。

2．在蒸汽出口處溫度相當高，需注意勿使燙傷。

3．下課離開座位時，需將加熱之電源關掉。

六、附表

常見金屬的線膨脹係數 ($\alpha_L \times 10^6$) ℃$^{-1}$。

物質	金	銀	銅	鋼	鋁	鉛
線膨脹係數	14.70	18.90	16.66	11.40	22.20	27.09

實驗9　線膨脹係數測定實驗

系　別：＿＿＿＿＿＿＿＿　學　號：＿＿＿＿＿＿＿＿

組　別：＿＿＿＿＿＿＿＿　日　期：＿＿＿＿＿＿＿＿

姓　名：＿＿＿＿＿＿＿＿　評　分：＿＿＿＿＿＿＿＿

(註　實驗完畢立即填妥本實驗數據，送請任課教師核閱簽章。)

七、記錄

(一) 金屬棒一

金屬棒長 L_0 (mm)	室溫 T_1 (℃)	量測溫度 T_2 (℃)	溫度差 ΔT (℃)	長度改變 ΔL (mm)	線膨脹係數 α_L (℃$^{-1}$)
				平均值	

公認值 α_L = ＿＿＿＿＿＿＿　百分誤差 =

(二) 金屬棒二

金屬棒長 L_0 (mm)	室溫 T_1 (℃)	量測溫度 T_2 (℃)	溫度差 ΔT (℃)	長度改變 ΔL (mm)	線膨脹係數 α_L (℃$^{-1}$)
				平均值	

公認值 α_L = ＿＿＿＿＿＿＿　百分誤差 =

八、討論

1. 本實驗結果造成誤差的可能因素有哪些？

2. 本實驗量測金屬棒長度改變量之測微錶精確度為 0.01mm，然而用來測量金屬棒長度之米尺精確度為 1mm，此是否會影響本實驗的準確性？

3. 線膨脹係數是否與金屬棒之粗細有關？

實驗 10

超聲波的都卜勒效應實驗

一、目的

1．以測量駐波數目的方法測量超聲波波長，並推算超聲波波源的頻率。

2．測量聲源與觀察者相互遠離或接近時都卜勒實際偏移量，並與理論頻率偏移量作比較。

二、原理

當聲、光或電磁波的波源本身處於運動狀態之下時，觀測者所接受到的頻率會發生變化，稱為都卜勒效應。此效應是德國物理學家都卜勒 (Christian J. Doppler, 1803-1853) 於 1842 年首次提出的。

1803 年 11 月 29 日都卜勒出生於奧地利薩爾斯堡 (Salzburg) 的一個富有家庭。1835 年他前往布拉格擔任物理學教授，於 1848 年來到維也納，並從 1850 年開始擔任維也納大學物理研究所的首任所長，1853 年逝世於威尼斯，享年 50 歲。都卜勒效應的原理現今已廣泛地應用在醫學、天文學、雷達氣象學及工程等領域上。

都卜勒效應可概分為下列幾種狀況：

(一) 聲源 (S) 以速度 v_S 靠近靜止之觀察者 (O)

如圖一所示。當 S 靜止不動，但每隔一個週期 (T) 發出一個波長 (λ_0) 的波，則波速 (v) = 波長 (λ_0) × 週期 (T)。若 S 以速度 v_S 朝 O 前進，當時間為零時發出 1st 波；隔一個週期 (T) 後，波源 (S) 前進 ($v_S \times T$) 到達了 S’，此刻發出 2nd 波。當 S 靜止不動，則 O 以為 λ_0 為原始波長；但 S 靠近，O 以為 λ 為其波長。所以可以得到：

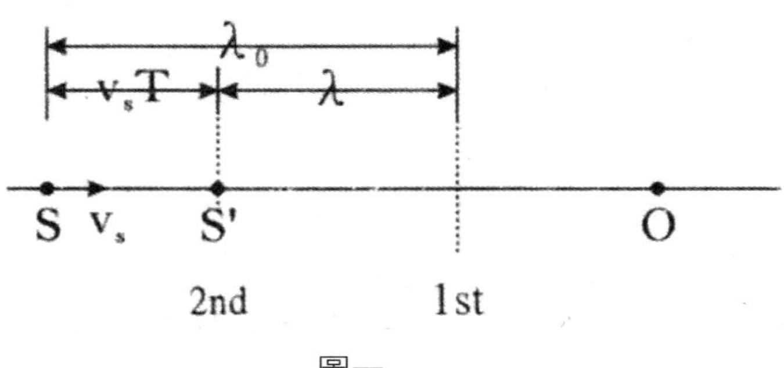

圖一

$$\begin{cases} \lambda_0 = \lambda + v_S T & \Rightarrow \quad \lambda = \lambda_0 - v_S T \\ \dfrac{v}{f_0} = \dfrac{v}{f} + \dfrac{v_S}{f_0} & \Rightarrow \quad f = \dfrac{v}{v - v_S} f_0 \end{cases}$$

……波長變短

……頻率變高

(二) 聲源 (S) 以速度 v_S 遠離靜止之觀察者 (O)

如圖二所示。當 S 遠離，O 以為 λ 為其波長。所以可以得到：

$$\begin{cases} \lambda_0 = \lambda - v_S T & \Rightarrow \quad \lambda = \lambda_0 + v_S T \\ \dfrac{v}{f_0} = \dfrac{v}{f} - \dfrac{v_S}{f_0} & \Rightarrow \quad f = \dfrac{v}{v + v_S} f_0 \end{cases}$$

……波長變長

……頻率變低

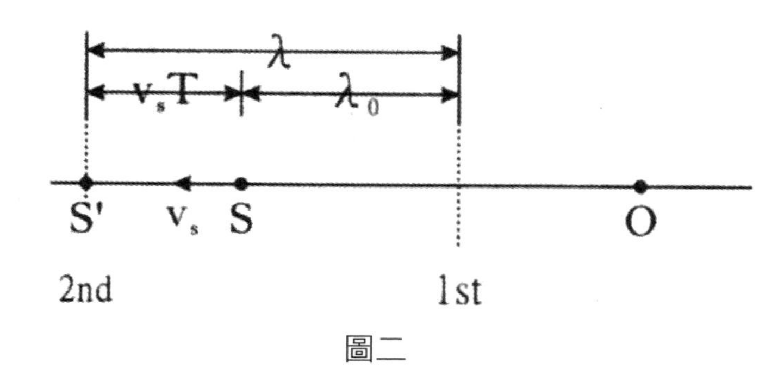

圖二

(三) 觀察者 (O) 以速度 v_O 靠近靜止之聲源 (S)

如圖三所示。由於 S 靜止，空間中之波形不改變，而 O 以速度 v_O 靠近聲源 S，感覺波長變短為 λ。所以可以得到：

$$\begin{cases} \lambda = \lambda_0 - v_O T \\ f = \dfrac{v + v_O}{v} f_0 \end{cases}$$

……波長變短

……頻率變高

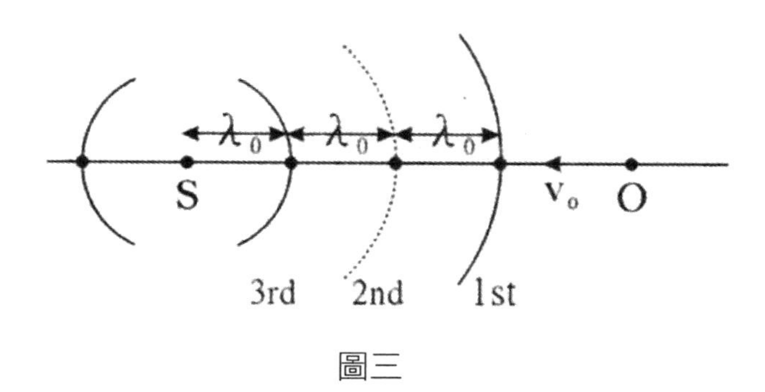

圖三

(四) 觀察者 (O) 以速度 v_O 遠離靜止之聲源 (S)

如圖四所示。由於 S 靜止，空間中之波形不改變，而 O 以速度 v_O 遠離聲源 S，感覺波長變長爲 λ。所以可以得到：

$$\begin{cases} \lambda = \lambda_0 + v_O T & \cdots\cdots \text{波長變長} \\ f = \dfrac{v - v_O}{v} f_0 & \cdots\cdots \text{頻率變低} \end{cases}$$

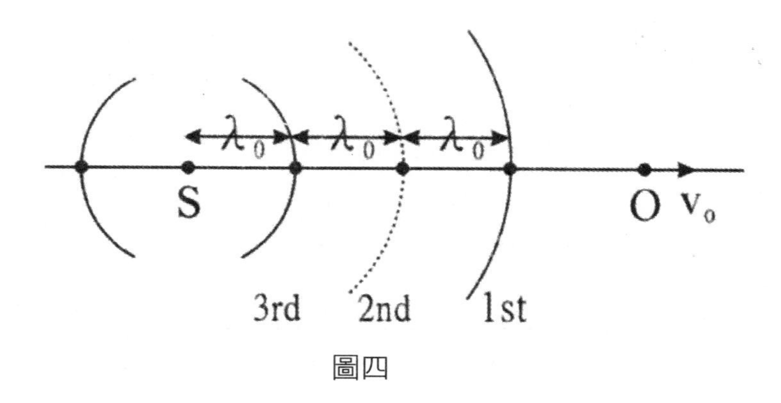

圖四

歸納上述的說明，我們可以得到以下的結果：

(1) 都卜勒效應僅發生在 S 與 O 連心線上有相對運動時才會產生。若 S 與 O 相對靠近時，頻率變高；S 與 O 相對遠離時，頻率變低。

(2) 當 S 靠近或遠離 O，且 O 靠近或遠離 S，則可以得到頻率爲

$$f = \frac{v \pm v_O}{v \mp v_S} f_0 \quad \Rightarrow \quad \begin{matrix} \rightarrow \text{靠近} \\ \rightarrow \text{遠離} \end{matrix}$$

(3) 震波 (當 $v_S > v$ 時)

波源在介質內的運動速率，超過波在介質內的速率，在這種情況下，波前形成圓錐的形狀，而且運動物體在其頂點。例如：快艇在水上形成船形波、或飛機和飛彈以超聲速穿過空氣時所發出的音爆。

如圖五所示，在 t 時間內，波前進了 $v \times t$，但是波源前進了 $v_S \times t$，所以可以得到 $\dfrac{v}{v_S} = \sin(\dfrac{\theta}{2})$，$\theta$ 爲圓錐的頂角

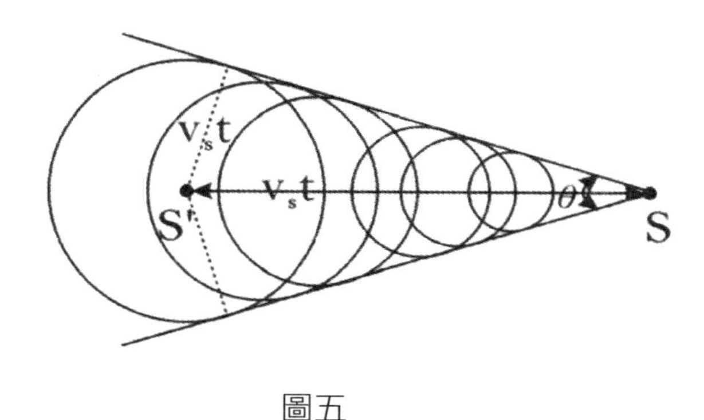

圖五

本實驗分成兩部分，第一部分是利用駐波現象求出超聲波的頻率，第二部分則是觀察並測量都卜勒效應的頻率偏移。原理概述如下：

第一部分

實驗產生駐波現象用以測量實際超聲波波長及頻率，我們知道一振動弦或空氣柱的長度 L 與波長 λ 有 $L = n \times \frac{\lambda}{2}$ 的關係時便能形成駐波。而波腹 (反節點) 發生在 $L_n = \frac{(2n-1) \times \lambda}{4}$ 處，所以連續兩波腹的間距即爲波長 λ 的一半，如圖六所示。再利用 $v = 331 + 0.6 \times t$ ，t 爲室溫，而求得超聲波速率 v。所以可以求得超聲波波源頻率 f 爲：

$$f = \frac{v}{\lambda}$$

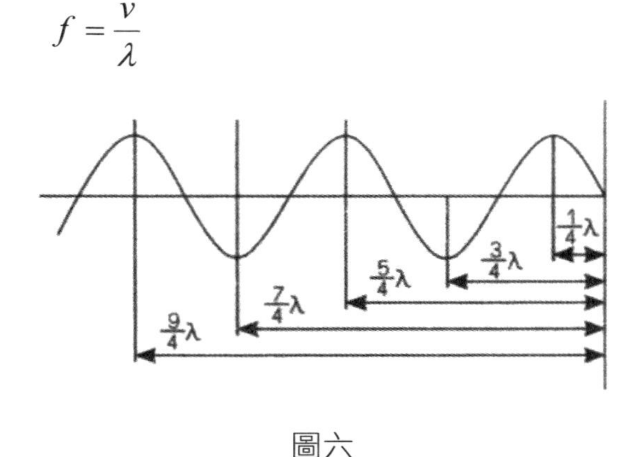

圖六

第二部分

在本實驗中超聲波發射子與接收子都是固定不動，真正運動的只有反射超聲波的鋸齒型迴轉盤。則當順時針等速運動的迴轉盤其鋸齒面相對於發射子是等速運動的觀察者，但此鋸齒面也同時反射超聲波成爲運動中的聲源，而接收子爲靜止的觀察者。

整體而言鋸齒上的波源與觀察者可視爲皆以漸近方式運動。

$$f=\left(\frac{v+v_O}{v-v_S}\right)\times f_0$$

$$\Delta f=\left(\frac{v+v_O}{v-v_S}\right)\times f_0-f_0=\left(\frac{v+v_O}{v-v_S}-\frac{v-v_S}{v-v_S}\right)\times f_0$$

$$=\left(\frac{v_O+v_S}{v-v_S}\right)\times f_0=\left(\frac{2v'}{v-v'}\right)\times f_0$$

上式中，利用到迴轉盤鋸齒面速度 $v'=v_S=v_O$。

同理，當圓盤以逆時針轉動時，波源及觀察者皆以遠離方式運動，則可得到

$$f=\left(\frac{v-v_O}{v+v_S}\right)\times f_0$$

$$\Delta f=\left(\frac{v-v_O}{v+v_S}\right)\times f_0-f_0=\left(\frac{v-v_O}{v+v_S}-\frac{v+v_S}{v+v_S}\right)\times f_0$$

$$=\left(\frac{-v_O-v_S}{v+v_S}\right)\times f_0=\left(\frac{-2v'}{v+v'}\right)\times f_0$$

而迴轉盤鋸齒面速度 v' 可由下述方式求得：

$$v'=\frac{\text{鋸齒面迴轉一週所做的總位移}}{\text{迴轉一週時間}}=\frac{36\times d}{T}$$, d 爲鋸齒深度

三、實驗儀器

如圖七所示，各元件分別爲：

項次	配件名稱	數量	項次	配件名稱	數量
1	底座	1	8	紅外線感測器底座	1
2	底座腳架	2	9	USB 線	1
3	轉盤馬達	1	10	測量平台	1

4	底座邊蓋	2	11	數位游標尺	1
5	轉盤(36 齒/週，d=4.3 mm)	1	12	超聲波反射板	1
6	超聲波感測器		13	電源供應器	1
7	紅外線感測器	1	14	都卜勒實驗測量儀	1

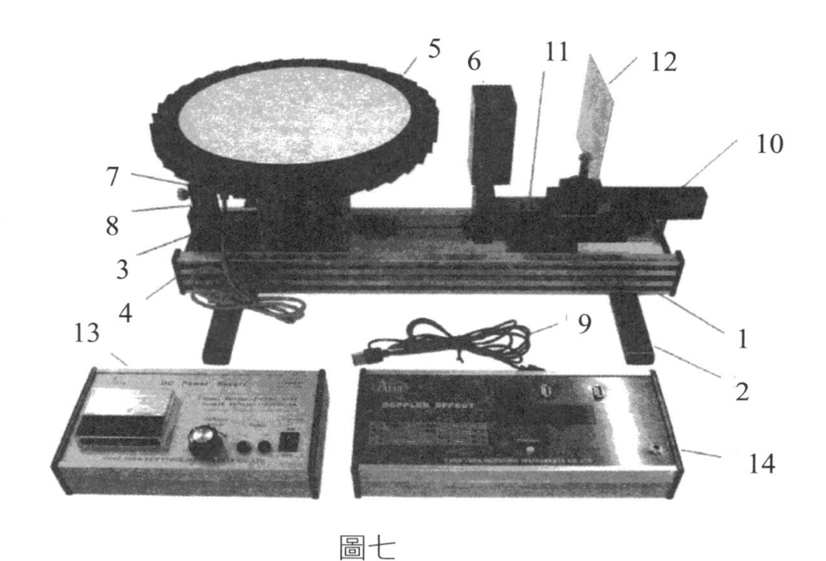

圖七

四、實驗步驟

(一) 駐波實驗以測量超聲波波源之發射頻率

1．裝置如圖八。超聲波發射及感測器請與超聲波反射板保持平行 (如圖九)，將都卜勒實驗測量儀切換至功能 3 (Ultrasonic wave intensity)。

圖八

圖九

2．請調轉測量平台將反射板下的底座移動至最左端，按數位游標尺上的 ON，再按一下 ZERO 鍵讓數字歸零，完成準備動作。

3．調轉右下方旋鈕使反射板下的移動塊向右微移，經由都卜勒實驗測量儀下排數據顯示值，請左右變動移動塊位置，以尋找波腹 (反節點) 位置 (最大 mV 值)，並記錄測量平台數字幕之位置數據，並繼續尋找下一個節點 (最小 mV 值)，相鄰兩節點或相鄰兩反節點的距離即爲半波長 $\lambda/2$，所以可以得到此超聲波所發射的波長。請反覆上述動作，直到移動塊到最右端以取得多組數據取其平均值。

4．根據室溫計算當時空氣的聲速 v。

5．由超聲波聲速及所測波長，即可得本都卜勒實驗測量儀輸出之頻率 f_0。

6．注意每組超聲波發射與接收器之固定發射頻率會有差異。

（二）都卜勒效應實驗以測量頻率偏移

1．裝置接線如圖十。

2．都卜勒實驗測量儀切換至功能 1 (Rotation rate of disc)，紅外線發射接收器請與圓盤底面保持約 5mm左右 (如圖十一)，並調整指向圓盤中心。啓動電源調整電壓，檢視是否有數據顯示，若無請調整紅外線感測器位置。固定電源器輸出電壓給馬達一段時間後，檢視轉速是否漂移最小。

圖十

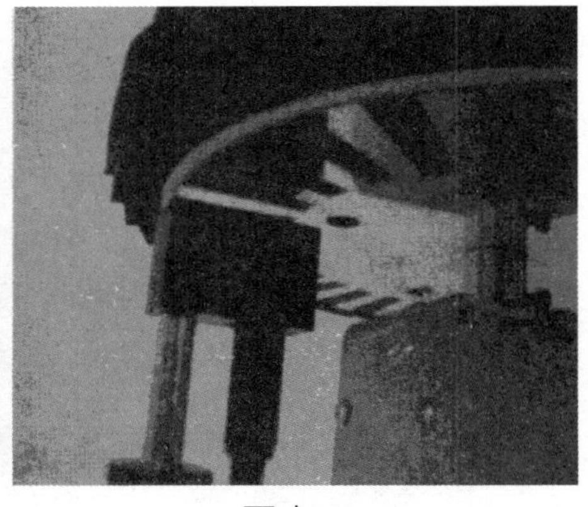
圖十一

3．超聲波發射接收器應轉向圓盤鋸齒面，並調整高度使其指向鋸齒反射面中間高度，發射接收器與反射面距離約保持在 10mm 左右，都卜勒實驗測量儀切換至功能 2 (Ultrasonic wave frequency)，旋轉馬達後觀察顯示數據是否轉速漂移最小，若無請微移超聲波發射接收器位置。

4．轉盤未轉動時，都卜勒實驗測量儀切換至功能 2 (Ultrasonic wave frequency)，顯示的頻率即爲聲源固定發射頻率 f_0，可與駐波實驗所得頻率比較。

5．電源輸出逐次由 5V、6V、…、12V 改變，並記錄功能 1 時所顯示之轉速，及迅速切換至功能 2 時所顯示之頻率值。

6．馬達每次改變轉速時，請待其轉動 30 ~ 60 秒，穩定轉速後再記錄。另外，室內交流電源是 AC 110 V ~ 120 V ，其週期性漂移也會改變馬達轉速；但因儀器設計反射面高速移動 (1 ~ 5 m/s)，此漂移誤差小，可選取其中間值使用。

五、注意事項

（一）都卜勒實驗測量儀的操作如下述：

1．見圖十二。

2．上排字幕代表選用功能。

3．下排字幕代表相對於選用功能之測量數據。

4．Function 功能切換後，下排字幕顯示的數據是歸零後最新數據。

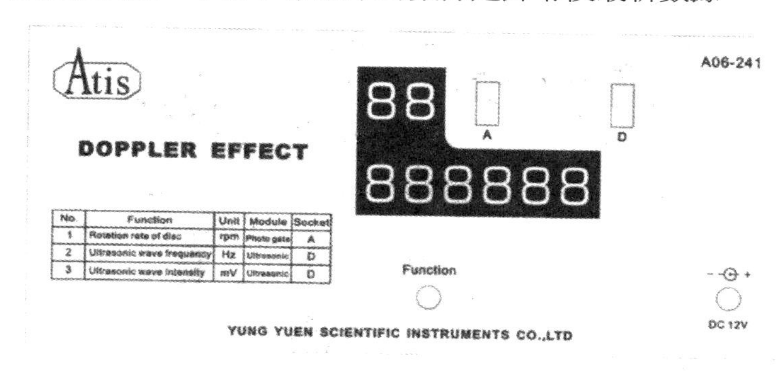

圖十二

（二）數位遊標尺的操作如下述：

1．見圖十三。

2．ON/mm/inch (1)：在未開啓之前按是 ON 的功能，開啓後則是做 mm (公厘) 和 inch (英吋) 的切換。

3．OFF (2)：關閉數位顯示器。

4．ZERO (3)：將數位游標尺數據歸零。

圖十三

實驗10　超聲波的都卜勒效應實驗

系　別：________　學　號：________
組　別：________　日　期：________
姓　名：________　評　分：________

(註　實驗完畢立即填妥本實驗數據，送請任課教師核閱簽章。)

六、記錄

(一) 駐波實驗以測量超聲波波源之發射頻率

室溫 (t) ：_____℃　聲音在空氣中的速率 (v)：$v = 331 + 0.6 \times t =$ ______m/s

游標尺值	毫伏計值	游標尺值	毫伏計值	游標尺值	毫伏計值

半波波長平均值 ($\lambda/2$)：　　波長平均值 (λ)：

超聲波波源之發射頻率測量值 ($f_0' = v/\lambda$)：

超聲波波源之發射頻率理論值 (f_0)：

百分誤差 ($\frac{|f_0' - f_0|}{f_0} \times 100\%$) ：

（二）都卜勒效應實驗以測量頻率偏移

※ 遠離【超聲波波速 ($v = 331 + 0.6 \times t =$ ＿＿＿＿＿ m/s)】

發射頻率 (f_0)	反射頻率 (f)	頻率偏移量測量值 ($\Delta f = f - f_0$)	轉速 (rpm)	週期 T (sec)	反射面運動速度（$v' = 36d/T$)	頻率偏移量理論值($\Delta f = -\frac{2v'}{v+v'} f_0$)	頻率偏移量百分誤差

※ 接近 【超聲波波速 ($v = 331 + 0.6 \times t =$ ＿＿＿＿＿ m/s) 】

發射頻率 (f_0)	反射頻率 (f)	頻率偏移量測量值 ($\Delta f = f - f_0$)	轉 速 (rpm)	週期 T (sec)	反 射 面 運 動 速 度 ($v' = 36d/T$)	頻率偏移量理論值($\Delta f = \frac{2v'}{v-v'} f_0$)	頻率偏移量百分誤差

七、討論

1. 討論都卜勒偏移量 Δf 與超聲波聲源、觀察者之相對速度的關係。

2. 如何以都卜勒偏移量 Δf 來測量相對運動速度？

實驗 11

折射定律實驗

一、目的

研習光的折射定律　，測定透明物體的折射率。

二、原理

光由某一介質進入另一介質時，其行進的方向會改變，此現象稱為折射。綜合我們所觀察到的現象，可以歸納成下列三點，稱之為折射定律：

(一) 入射線、折射線及界面的法線，均在同一平面上。

(二) 入射角的正弦函數值和折射角的正弦函數值的比是一定值。

(三) 光有可逆性。

其中，法線是垂直界面的直線 (在光入射點處)，入射角是入射線與法線的交角，折射角是折射線與法線的交角。折射定律第 2 點，又稱為司乃耳定律 (Snell's Law)，可以用下式所示：

$$n = \frac{\sin i}{\sin r}$$

上式中，i 表示入射角，r 表示折射角，n 是折射率。

本實驗便是藉由改變入射角，測量折射角的角度，由司乃耳定律求得折射率。

三、實驗儀器

精緻光學吸附平台、精緻光源、精緻光具座、角度盤、角度盤座、單縫片、壓克力半圓柱體、玻璃半圓柱體、壓克力長方體。

圖一

四、實驗步驟

1．儀器裝置如圖一所示，將光源、光具座及角度盤座，置於光學台上，單縫片吸附於光具座上，角度盤座置於角度盤上。

2．壓克力半圓柱體放在角度盤上，半圓直徑對準角度盤上任一直角座標軸，半圓心與座標軸原點對齊。

3．打開光源，適當調整單縫片與光源的距離及位置 (光源可作小角度旋轉)，使經過單縫片的光線正對著半圓心射入 (入射角為 0°)，則光線將筆直通過半圓柱體 (即折射角也為0°)，到此即可進行實驗。

4．輕輕轉動角度盤，使入射角為 15°，觀察並記錄此時之折射角。再慢慢增加入射角為 30°，45°，60° 及 75°，並記錄其所對應之折射角，如圖二所示。

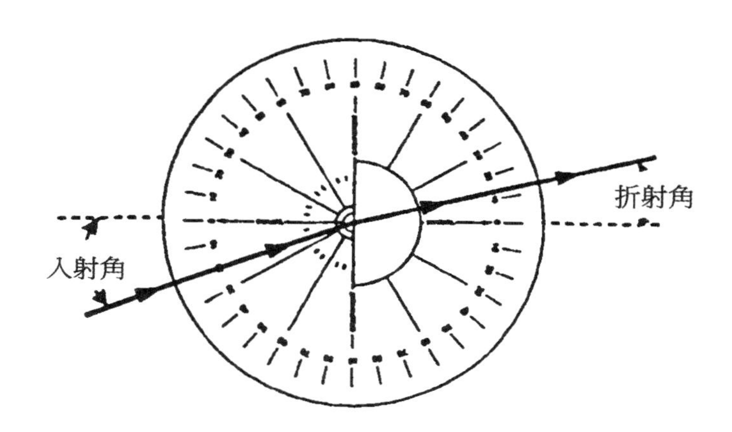

圖二　半圓柱體之折射率

5．回復至步驟 3 的狀況，再將角度盤向另一方向輕輕轉動，同樣使入射角依次為 15°，30°，45°，60° 及 75°，再記錄其所對應之折射角。

6．分別算出入射角及折射角的正弦值，取其相對應的正弦值之比，即得折射率，再將所有折射率之值平均。

7．取玻璃半圓柱體，重覆步驟 3 至 6 之實驗。

8．取壓克力長方體，重覆步驟 3 至 6 之實驗，並如圖三所示，找出對應之折射角。

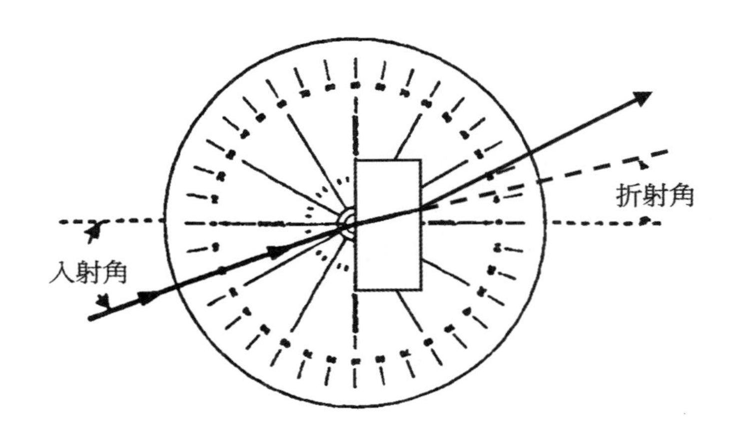

圖三　長方體之折射率

五、注意事項

1．測量壓克力磚之折射角時，須以壓克力磚內部折射光線所對應之角度為準。

2．無論玻璃或壓克力皆易碎，請勿用力敲打。

六、附表

常見物質的折射率 ($\lambda = 589$ nm，溫度 $= 20$℃)

物質	水	酒精	甘油	氯化鈉	玻璃	壓克力	鑽石
折射率	1.33	1.36	1.47	1.54	1.51	1.48	2.42

實驗11　折射定律實驗

系　別：＿＿＿＿＿＿＿＿＿＿　學　號：＿＿＿＿＿＿＿＿＿＿
組　別：＿＿＿＿＿＿＿＿＿＿　日　期：＿＿＿＿＿＿＿＿＿＿
姓　名：＿＿＿＿＿＿＿＿＿＿　評　分：＿＿＿＿＿＿＿＿＿＿

(註　實驗完畢立即填妥本實驗數據，送請任課教師核閱簽章。)

七、記錄

(一) 壓克力半圓柱體

	入射角 i	$sin\ i$	折射角 r	$sin\ r$	折射率 $n=\frac{\sin i}{\sin r}$
左側	15°				
	30°				
	45°				
	60°				
	75°				
右側	15°				
	30°				
	45°				
	60°				
	75°				
			平均折射率		

百分誤差 = ＿＿＿＿＿ %

(二) 玻璃半圓柱體

	入射角 i	$sin\ i$	折射角 r	$sin\ r$	折射率 $n=\frac{\sin i}{\sin r}$
左側	15°				
	30°				
	45°				
	60°				
	75°				
右側	15°				
	30°				
	45°				
	60°				
	75°				
			平均折射率		

百分誤差 = ________ %

(三) 壓克力長方體

	入射角 i	$sin\ i$	折射角 r	$sin\ r$	折射率 $n=\frac{\sin i}{\sin r}$
左側	15°				
	30°				
	45°				
	60°				
	75°				
右側	15°				
	30°				
	45°				
	60°				
	75°				
			平均折射率		

百分誤差 = ________ %

八、討論

1. 當入射角 0° 時，則其折射角為若干？試由司乃耳定律解釋。

2. 在測量半圓柱體與長方體之折射角時，其測量方式有何不同，試說明之。

實驗 12

線偏振光特性量測實驗

一、目的

了解光的線偏振特性以及現象，並且區分自然光與線偏振光的差異。

二、原理

光是一種電磁波，一般的自然光線在前進時，電磁場在空間中振動方向是隨機均勻的在垂直光前進方向的平面上振動。如果光的電磁場振動方向只發生在某一特定方向，亦即電場與磁場振動方向固定的光稱爲偏振光。爲方便起見，定義電場振動方向稱爲光的偏振方向。光的偏振行爲大致上可以分爲：線偏振 (Linearly polarized)、圓偏振 (circularly polarjzed) 及橢圓偏振 (elIiptically polarized)，在本實驗中主要是以觀察光的線偏振爲主。

因爲人的肉眼無法分辨偏振光與非偏振光，所以必須以偏振片來檢驗之，由圖一可以發現當未偏振的自然光通過偏振片 A 時，光振動變成有方向性的線偏振光。此偏振片 A 將由非偏振光轉變成爲線偏振光，因此稱此偏振片 A 爲起偏器 (Polarizer)。偏振片有兩個不對稱的軸，其中一者之光線容易通過另一者則不容易通過，前者稱之爲易通過軸 (axis of easy transmission)，我們通常所指的偏振片之軸即是這個軸。凡是光波之振動方向與這個軸垂直時，光將全部被偏振片阻擋。所以通過偏振片 A 的光就產生了偏振性，而當此光再經過了偏振片 B 時，即可以依照偏振片 B 的軸與偏振光的偏振方向來決定光線通過偏振片 B 的情形，所以我們稱第二片偏振片 B 爲檢偏器 (Analyzer)。

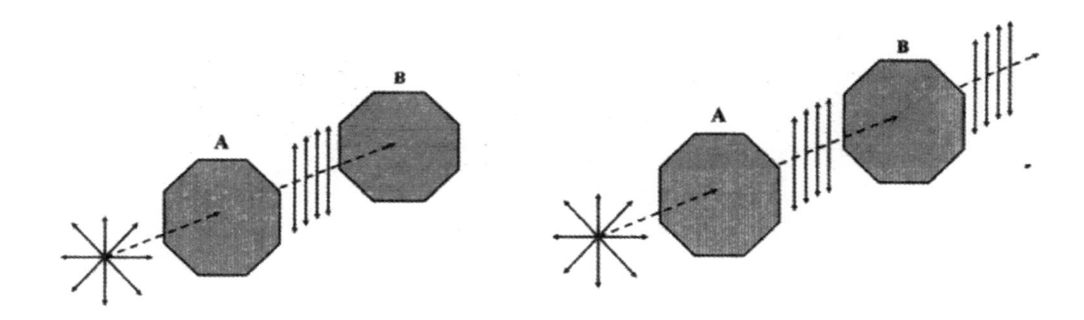

圖一　光通過兩個線偏振片的情形

(一) 馬呂斯定律 (Malus's Law)

由於未偏振的光線，在各方向振動的機率相同，所以未偏振的光經過偏振片後，只容許振動方向與偏振片軸方向平行的光通過，因此光的強度將減弱為原本的 1/2。而經過起偏器的偏振光，進入檢偏器後，若偏振光的振動方向與檢偏器之易通過軸夾 θ 角時，振幅為 A 的偏振光通過檢偏器後其振幅變為 Acosθ，然而光之強度與振幅的平方成正比，所以通過偏振片前後的光強度關係可以表示為：

$$I = I_0 \times \cos^2\theta \tag{1}$$

上式即稱作馬呂斯定律。其中，I_0 是入射偏振光的強度，與振幅 A 的平方成正比，即 $I_0 \propto A^2$；而 I 是通過檢偏器後之強度，與振幅 $A\cos\theta$ 的平方成正比，即 $I_0 \propto A^2\cos^2\theta$ 。

由上面馬呂斯定律可以得知，當夾角 θ 為 0 度時 (θ= 0°)，所有的偏振光均可以自檢偏器通過所以強度並不改變 ($I = I_0$)；但是當夾角為 90 度時 (θ= 90°)，可以發現通過檢偏器之光強度為零 ($I = 0$)，代表著當起偏器與檢偏器的軸互相垂直時，光線將無法通過檢偏器。式中的偏振光與檢偏器夾角 θ，也代表著兩個偏振片軸的夾角，所以未偏振光經過了起偏器與檢偏器後，其強度的變化可以表示為：

$$I = \frac{1}{2} I_0 \cos^2\theta \tag{2}$$

(二) 反射的偏振化

1808 年時，馬呂斯發現了使光線偏振的方式，他發現光經非金屬表面反射後，反射光可以變成部分的偏振光，同時若逐漸的增加入射角時可以找到某個特定的角度，使得所有的反射光可以完全的偏振化，此特定的角度稱之為布魯斯特角 (Brewster's angle, θ_B)，如圖二所示。

由圖二可以得知，布魯斯特最先發現當反射光產生完全偏振時，反射光與折射光將會互相垂直。利用三角函數的關係可以推導出下列關係式：

$$\theta_B + \theta_2 = \frac{\pi}{2}$$

$$\sin\theta_2 = \sin(\frac{\pi}{2} - \theta_B) = \cos\theta_B$$

再利用折射現象的司乃耳定律 (Snell's Law)，可以得到：

$$n \times \sin\theta_B = n_i \times \sin\theta_2 = n_i \times \cos\theta_B$$

$$\tan\theta_B = \frac{n_i}{n} \tag{3}$$

因此我們可以由介面兩端介質的折射率來求得布魯斯特角，例如圖二中玻璃的折射率為 1.54，空氣的折射率大約為 1，所以其布魯斯特角為 $\theta_B = \tan^{-1}(\frac{1.54}{1}) \approx 57°$ 。

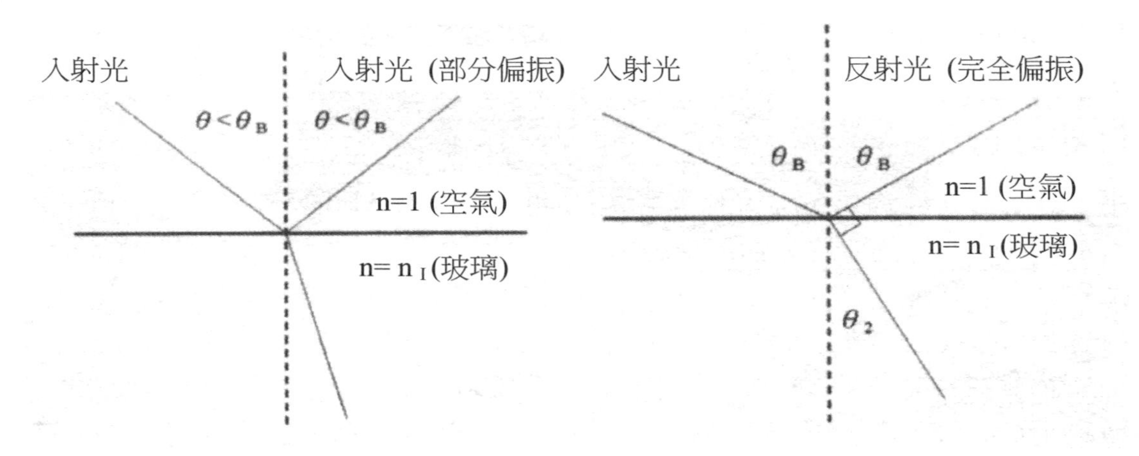

圖二　布魯斯特角

三、實驗儀器

如圖三所示，各元件分別為：

項次	配件名稱	數量	項次	配件名稱	數量
1	光學平台	1	4	玻璃片固定器	1
2	光源	1	5	狹縫	1
3	角度盤	1	6	偏振片	2

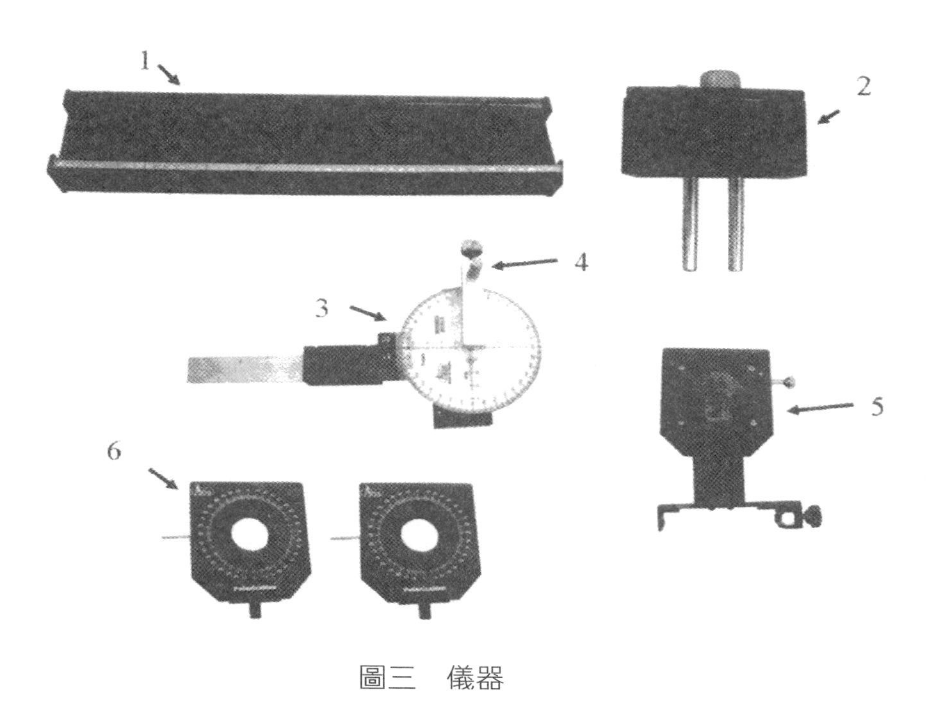

圖三　儀器

四、實驗步驟

(一) 馬呂斯定律

1．實驗架設如圖四所示。並且將照度計固定於第二片偏振片後方，並且在實驗中固定光照度計的位置。

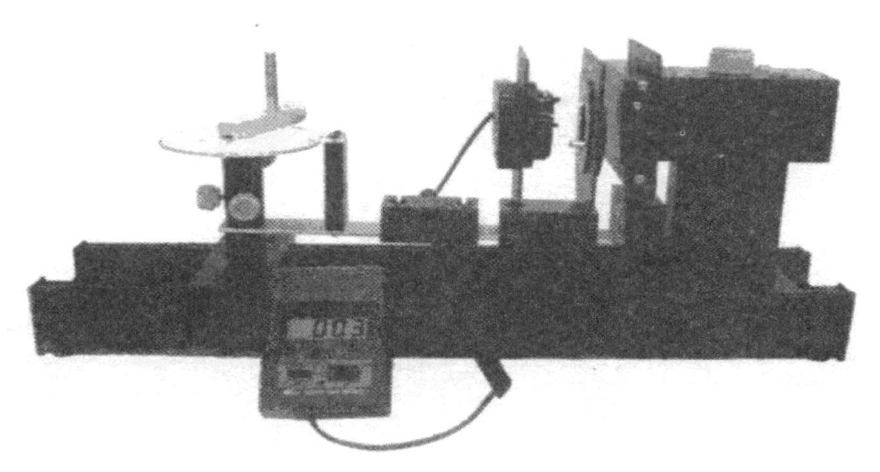

圖四　馬呂斯定律實驗架設

2・開啟光源，並且調整狹縫使光線能穿過偏振片達到照度計。
3・拿開兩偏振片，觀察並紀錄光進到光照度計的強度。
4・放上第一片偏振板，並且轉動偏振片角度，再次觀察量測光強度的變化。
5・固定第一片偏振片的角度，然後依序 (每 10°) 轉動第二片偏振片 (檢偏器) 的角度 (轉動角度範圍 180°)，觀察光通過兩片偏振片強度的變化情況。
6・使用所求的的數據來驗證馬呂斯定律。

（二）布魯斯特角

1・將反射玻璃板置於旋轉台上，如圖五。
2・調整旋轉台及檢偏器之方位使光線以 57° 的入射角射入反射玻璃板上。
3・轉動檢偏器直到光亮度最暗時。
4・放上。
5・轉動檢偏器，每次遞轉 10° 直到 90° 為止，觀察紀錄反射光強度之變化。

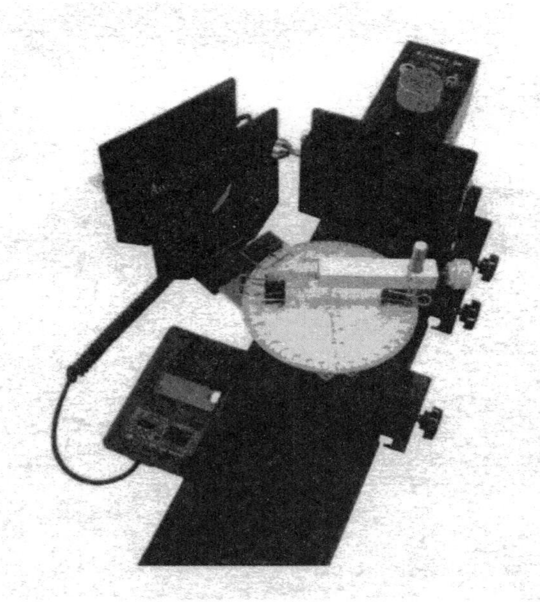

圖五　布魯斯特角實驗架設

實驗12　線偏振光特性量測實驗

系　別：＿＿＿＿＿＿＿＿　學　號：＿＿＿＿＿＿＿＿

組　別：＿＿＿＿＿＿＿＿　日　期：＿＿＿＿＿＿＿＿

姓　名：＿＿＿＿＿＿＿＿　評　分：＿＿＿＿＿＿＿＿

(註　實驗完畢立即填妥本實驗數據，送請任課教師核閱簽章。)

七、記錄

(一) 馬呂斯定律

光未經過偏振片的強度：

光經過起偏器的強度 (I_0)：

檢偏器角度 (θ)	0°	10°	20°	30°	40°	50°	60°
光強度 (I)							
理論值 ($I_0 \times \cos^2\theta$)							
檢偏器角度 (θ)	70°	80°	90°	100°	110°	120°	130°
光強度 (I)							
理論值 ($I_0 \times \cos^2\theta$)							
檢偏器角度 (θ)	140°	150°	160°	170°	180°		
光強度 (I)							
理論值 ($I_0 \times \cos^2\theta$)							

(二) 布魯斯特角

調整旋轉台使光線以 57° 的入射角入射玻璃板。

檢偏器角度 (θ)	0°	10°	20°	30°	40°	50°	60°
光強度 (I)							
檢偏器角度 (θ)	70°	80°	90°	100°	110°	120°	130°
光強度 (I)							
檢偏器角度 (θ)	140°	150°	160°	170°	180°		
光強度 (I)							

八、討論

1. 如何利用兩片偏振片來控制光的強弱？以及為何需要如此的設計？

2. 由第二個實驗的布魯斯特角中的表格，如何得知反射光有偏振化？並解釋為何可以利用單一偏振片來製作太陽眼鏡？

實驗 13

薄透鏡成像實驗

一、目的

研習薄透鏡成像原理，並測量其焦距 (f) 與放大率 (M)。

二、原理

(一) 凸透鏡成像

一物體置於凸透鏡前，此物體每一點所發的光線，當抵達凸透鏡時，光線會依折射定律而改變方向，穿過透鏡後匯聚成像，其延長線相交於鏡後而成「實像」，如圖一所示：

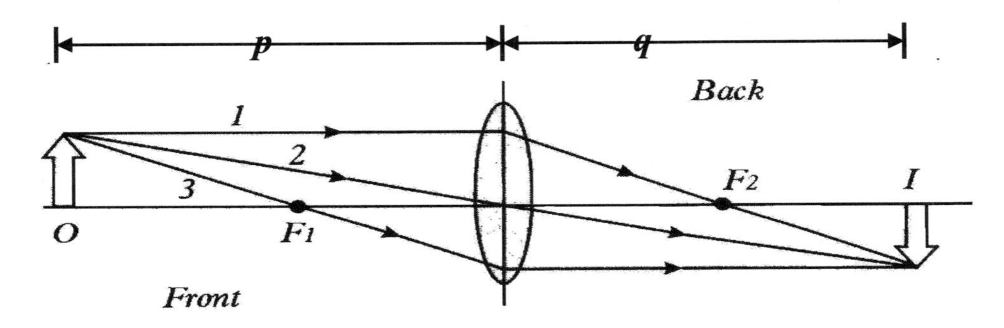

圖一　凸透鏡之成像

p：物距，物體至鏡面之距離。(p 在透鏡前為＋，鏡後為－)

q：像距，像至鏡面之距離。(q 在透鏡前為－，鏡後為＋)

f：焦距，透鏡的「焦距」。(凸透鏡的焦距 f 一定為＋)

H_i：像高。

H_0：物高。

根據光的折射定律，三角函數和近似值，可推導出凸透鏡的成像公式：

$$\frac{1}{p}+\frac{1}{q}=\frac{1}{f} \tag{1}$$

而放大率 M 則為：

$$M=q/p \tag{2}$$

或

$$M = H_i / H_0 \qquad (3)$$

在實驗中，先調整物距 p ，量得像距 q 後，利用公式 (1) 可算出凸透鏡的焦距，並可利用公式 (2) 或 (3) 算得成像放大率。

(二) 凹透鏡成像

一物體置於凹透鏡前，此物體每一點所發的光線，當抵達凹透鏡時，光線會依折射定律而改變方向，穿過透鏡後匯聚成像，其延長線相交於鏡前而成「虛像」，如圖二所示：

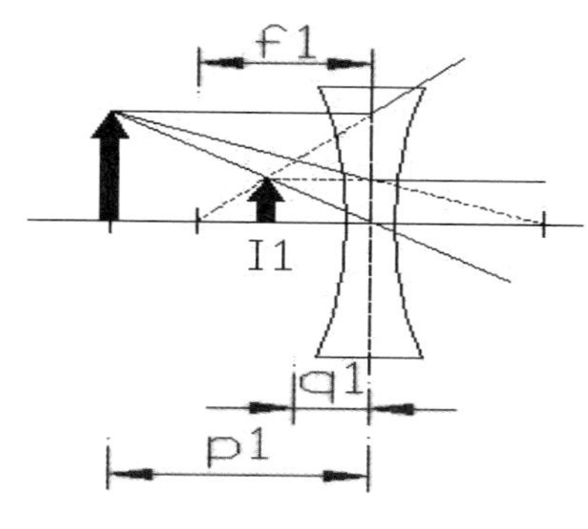

圖二　凹透鏡成像

p：物距，物體至鏡面之距離。(p 在透鏡前爲＋，鏡後爲－)

q：像距，像至鏡面之距離。(q 在透鏡前爲－，鏡後爲＋)

f：焦距，透鏡的「焦距」。(凹透鏡的焦距 f 一定爲－)

H_i：像高。

H_0：物高。

根據光的折射定律，三角函數和近似値，可推導出凹透鏡的成像公式：

$$\frac{1}{p}+\frac{1}{q}=\frac{1}{f} \qquad (4)$$

而放大率 M 則爲：

$$M = q/p \qquad (5)$$

或

$$M = H_i / H_0 \qquad (6)$$

然而實驗中，因凹透鏡成像爲虛像，故必須先藉助一個凸透鏡 L_1 成立一個實像

I_1，I_1 再透過凹透鏡 L_2 才能形成實像 I_2，如圖三所示：

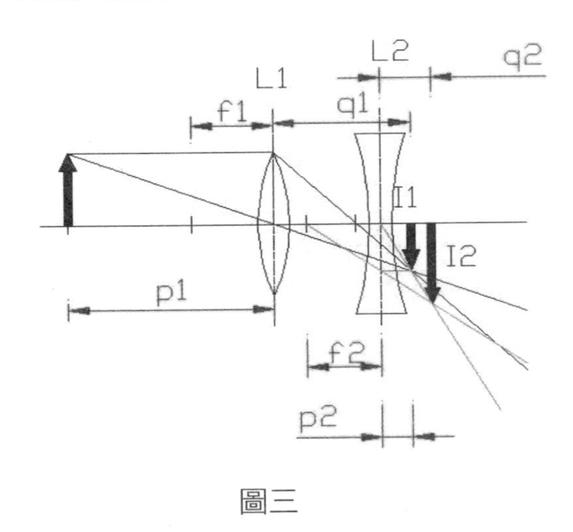

圖三

在上圖中，凸透鏡的實像 I_1 乃為凹透鏡的物，由於其位於凹透鏡鏡後，因此為「虛物」，亦即對凹透鏡的物距 p_2 必須取負，最後再次於成像屏所成之像為 I_2，其與凹透鏡之距離為 q_2，因為能在成像屏所成之像皆為實像，因此 q_2 必須取正。實驗上乃先藉助一個凸透鏡 L_1 成立一個實像 I_1，得到 q_1 之後，再來求出 p_2 以及最後像距 q_2，最後利用公式 (4) 可算出凹透鏡的焦距，並可利用公式 (5) 或 (6) 算得凹透鏡的放大率。

三、實驗儀器

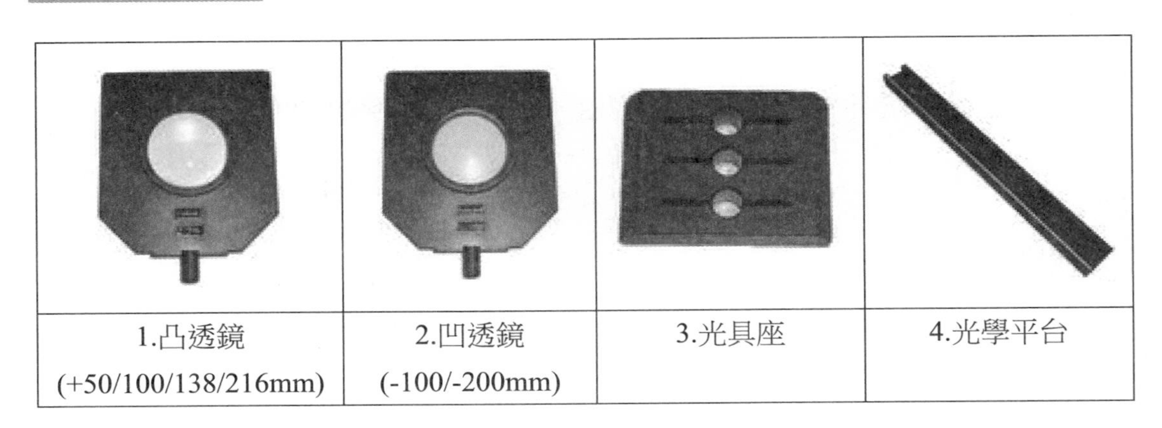

1.凸透鏡 (+50/100/138/216mm)	2.凹透鏡 (-100/-200mm)	3.光具座	4.光學平台

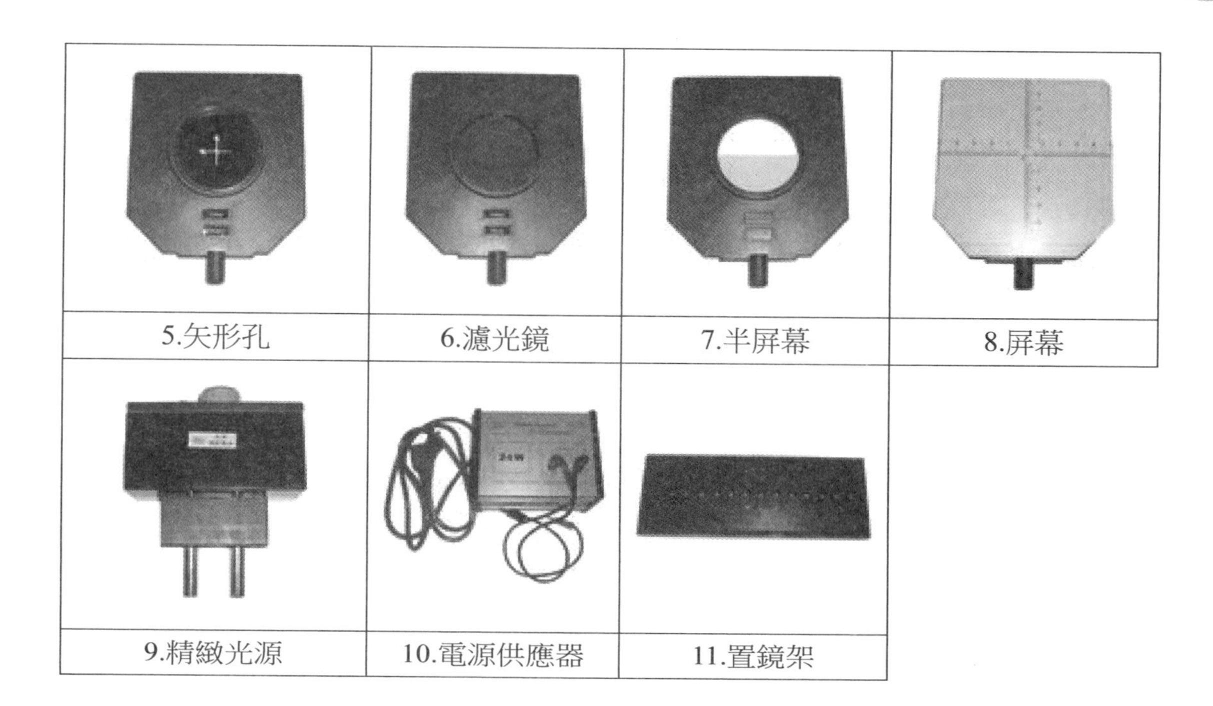

四、實驗步驟

（一）凸透鏡成像

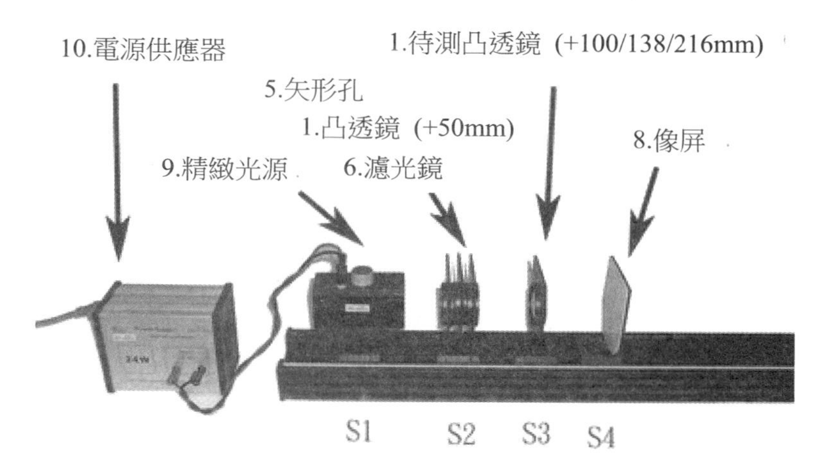

圖四　凸透鏡成像實驗裝置圖

1．儀器裝設如圖四所示，先將精緻光源安置在光學平台左側 (光具座 S1)，而矢形孔安裝在光具座 S2 的第一格上，並離光源之光具座中心約 9.2cm 處，而將

f =+50mm 的凸透鏡裝置在光具座 S2 的第二格上，濾光鏡則放在第三格，再將像屏安裝在光學平台最右側 (光具座 S4)。

2．將待測凸透鏡 (f = +100mm) 安裝在矢形孔與像屏之間 (光具座 S3)，調整待測凸透鏡與矢形孔間的距離 (物距) 爲 20.0cm，打開光源並調整光軸，使光通過矢形孔，再穿過凸透鏡到達像屏，移動像屏使其上所生之矢形孔像最清晰爲止，測量此時像屏與待測凸透鏡 (f=+100mm) 的距離 (像距)，並記錄之。

3．測量矢形孔的高度 (物高) 記爲 H_0，再量像屏上同一矢形孔成像的高度 (像高) 記爲 H，則由公式 (3) 得知該透鏡的放大率 $M = H_i / H_0$ (即：放大率＝像高/物高)。

4．依次將物距調整爲 25.0cm、30.0cm、35.0cm 及 40.0cm，重複步驟 2-3，即可得相對應的像距，並一一記錄之。

5．從量得的物距與像距，利用公式 (1) 算出凸透鏡的焦距與公式 (2) 算出放大率。得到的焦距值可與凸透鏡上的標示值比較之，而利用公式 (2) 所得的放大率可與公式 (3) 所得的放大率做比較。

6．取另一待測凸透鏡，重複步驟 2 至 5。

（二）凹透鏡成像：（虛物成實像）

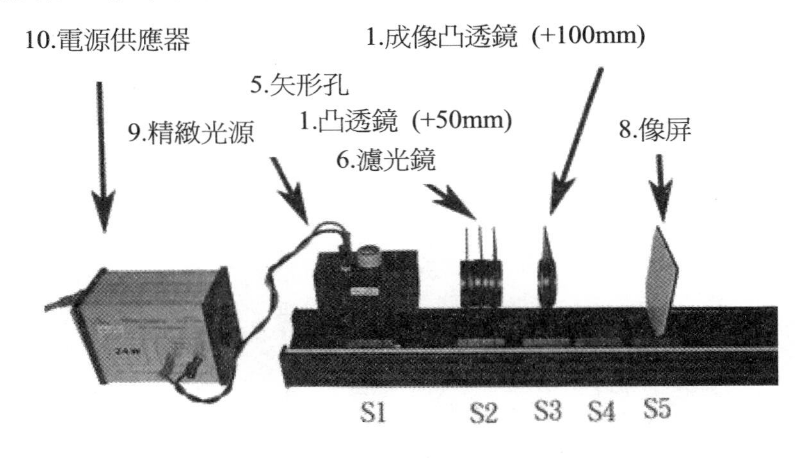

圖五

1．儀器裝設如圖五所示，先將精緻光源安置在光學平台左側 (光具座 S1)，而矢形孔安裝在光具座 S2 的第一格上，並離光源之光具座中心約 9.2cm 處，而將 f =+50mm 的凸透鏡裝置在光具座 S2 的第二格上，濾光鏡則放在第三格，再將像屏安裝在光學平台最右側 (光具座 S5)。

2．將成像凸透鏡 (f_1= +100mm) 安裝在矢形孔與像屏之間 (光具座 S3)，調整成像凸透鏡與矢形孔間的距離 (物距 p_1) 為 30.0cm，打開光源並調整光軸，使光通過矢形孔，再穿過凸透鏡到達像屏，移動像屏使其上所生之矢形孔像最清晰為止，記下此時像屏的座標為 X，計算此時像屏與成像凸透鏡的距離 (像距 q_1)，並記錄之。

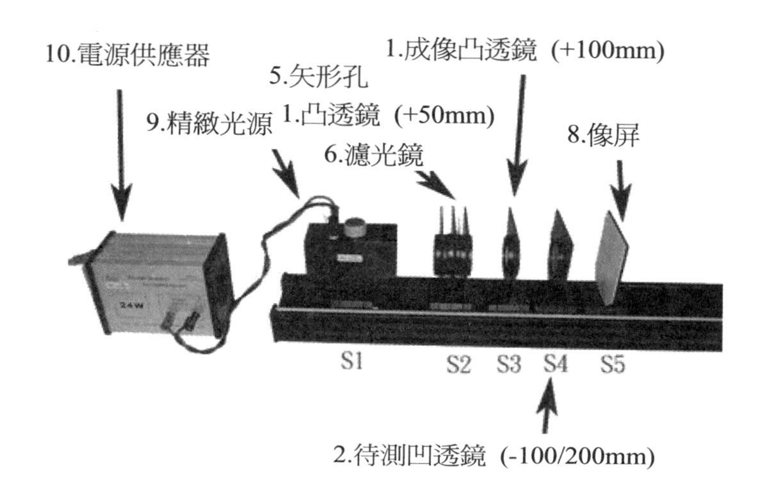

圖六

3．因為我們利用光的可逆性原理，把成像凸透鏡的實像，當成凹透鏡的虛像。故在 S3 與 S5 之間放置一個待測凹透鏡 (f= -100mm) 在光具座 S4 上如圖六，而剛剛成像凸透鏡在屏幕上形成的影像與待測凹透鏡間的距離成為新的物距 p_2。我們調整新的物距 p_2 為 -6.5cm (即在 S3 與座標 X 之間，離 X 距離 6.5cm)，移動屏幕使其上所生之矢形孔像最清晰為止，測量此時像屏與待測凹透鏡 (f= -100mm) 的距離 (像距 q_2)，並記錄之。

4．測量矢形孔的高度 (物高) 記為 H_0，再量像屏上同一矢形孔成像的高度 (像高) 記為 H，則由公式 (6) 得知該透鏡的放大率 $M = H_i / H_0$ (即：放大率＝像高/物高)。

5．此時我們不改變成像凸透鏡的位置，其透鏡的成像依舊在座標 X 上，我們依序調整凹透鏡到座標 X 的距離為 -5.5cm、-4.5cm、-3.5cm 及 -2.5cm，重複步驟 3、4，並一一記錄之。

6．我們依舊不改變成像凸透鏡的位置，只換另一待測凹透鏡 (f= -200mm)。

7．此時成像凸透鏡的成像依舊在座標 X 上，我們依序調整凹透鏡到座標 X 的距離為 -13.5cm、-12.5cm、-11.5cm、-10.5cm 及 -9.5cm，重複步驟 3，即可得相對應的像距，並一一記錄之。

8．從量得的物距 p_2 與像距 q_2，利用公式 (4) 算出凹透鏡的焦距與公式 (5) 算出放大率。得到的焦距值可與凹透鏡上的標示值比較之，而利用公式 (5) 所得的放大率可與公式 (6) 所得的放大率做比較。

實驗13　薄透鏡成像實驗

系　別：＿＿＿＿＿＿＿＿　學　號：＿＿＿＿＿＿＿＿
組　別：＿＿＿＿＿＿＿＿　日　期：＿＿＿＿＿＿＿＿
姓　名：＿＿＿＿＿＿＿＿　評　分：＿＿＿＿＿＿＿＿

(註　實驗完畢立即填妥本實驗數據，送請任課教師核閱簽章。)

五、記錄

A.凸透鏡(一)　　單位：mm

(凸透鏡焦距 f_0=　　mm)

物距 p	像距 q	實際焦距 f	放大率 M=q/p	物高 H_0	像高 H_i	放大率 M=H_i/H_0
	平均					

※凸透鏡焦距測量百分誤差 $=\left|\dfrac{f-f_0}{f_0}\right|\times 100\ \%$ = (　　　　　) %

B.凸透鏡(二)：　　單位：mm

(凸透鏡焦距 f_0=　　mm)

物距 p	像距 q	實際焦距 f	放大率 M=q/p	物高 H_0	像高 H_i	放大率 M=H_i/H_0
	平均					

※凸透鏡焦距測量百分誤差 $=\left|\dfrac{f-f_0}{f_0}\right|\times 100\ \%$ = (　　　　　) %

C.凹透鏡(一)					單位：mm
凸透鏡焦距 $f_1 =$ mm 凹透鏡焦距 $f_2 =$ mm					
物距 p_1	像距 q_1	物距 p_2	像距 q_2	凹透鏡焦距實驗值 f_2'	凹透鏡放大率 $M = \frac{q_2}{p_2}$
			平均		

※物距 p_1 乃物 (矢形孔) 至凸透鏡之距離

像距 q_1 乃一次像像屏至凸透鏡之距離

物距 p_2 乃一次像至凹透鏡之距離【$(p_2=($兩透鏡之距離 $-\ q_1)$】

像距 q_2 乃二次像像屏至凹透鏡之距離

凹透鏡焦距測量百分誤差 $=\left|\frac{f_2' - f_2}{f_2}\right| \times 100\% =$ ______ %

D.凹透鏡(二)					單位：mm
凸透鏡焦距 $f_1 =$ mm 凹透鏡焦距 $f_2 =$ mm					
物距 p_1	像距 q_1	物距 p_2	像距 q_2	凹透鏡焦距實驗值 f_2'	凹透鏡放大率 $M = \frac{q_2}{p_2}$
			平均		

※物距 p_1 乃物 (矢形孔) 至凸透鏡之距離

像距 q_1 乃一次像像屏至凸透鏡之距離

物距 p_2 乃一次像至凹透鏡之距離【$(p_2=($兩透鏡之距離 $-\ q_1)$】

像距 q_2 乃二次像像屏至凹透鏡之距離

凹透鏡焦距測量百分誤差 $=\left|\frac{f_2' - f_2}{f_2}\right| \times 100\% =$ ______ %

六、討論

1. 試導出凸透鏡的成像公式 (1)。

2. 一物體置於焦距為 150mm 的凸透鏡前 20cm 處，求成像位置與放大率？此時所成的像為實像或虛像？如將物體置於鏡前 8cm 處則又如何？

3. 一物體置於焦距為 150mm 的凹透鏡前 20cm 處，求成像位置與放大率？此時所成的像為實像或虛像？如將物體置於鏡前 8cm 處則又如何？

實驗 14

表面張力實驗

一、目的

觀察液體的表面張力現象，並測量不同狀態及種類之液體表面張力的大小。

二、原理

靜止液體在界面形成的特有現象，爲液體分子間或液體分子與其他物體的接觸面之間，相互吸引的結果；此種分子間彼此互相吸引的力稱爲分子力 (molecular force)，主要分爲兩種：同種分子間互相吸引的力稱爲內聚力，異種分子間互相吸引的力稱爲附著力。

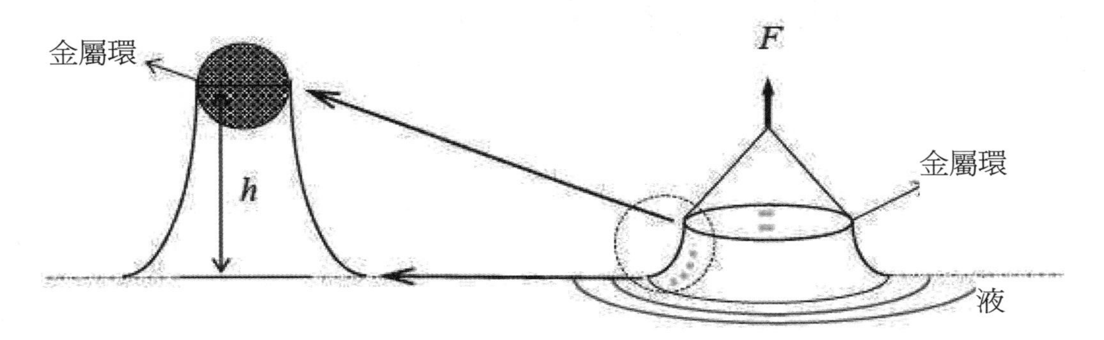

液體內部分子間，因相互吸引的緣故，會使表面積縮成最小以維持最低的表面能，此種在液體表面有縮小至最小表面積的傾向，使液體表面縮小的力，稱爲表面張力，爲液體分子間內聚力吸引的結果。

設拉力爲 F ，環長爲 l ，液面至金屬環提上到液膜破裂的距離爲 h ，而且因爲薄液膜有兩個面，所以實際上表面積的增加有兩倍，即 $2lh$ ，故所作的功 W 爲

$$W = F \times h = 2lhT \tag{1}$$

表面張力 (surface tension) 定義爲液體表面上對每單位長度所呈現的拉力，以 T 表示，單位爲 N /m。

$$T = \frac{1}{2}\frac{F}{l} = \frac{1}{2}\frac{F_i - F_f}{\pi d} \tag{2}$$

F_i 爲液膜破裂之前讀數， F_f 爲液膜破裂之後讀數， d 爲測定環直徑。本實驗使用簡易型掛環法，以齒輪馬達將實驗圓環往上拉，所受的拉力大小會反應於電子秤上，藉由記錄薄液膜破裂之前及破裂後電子秤的讀數，進而求得液體表面張力。

影響表面張力的因素：液體的種類，溫度的高低，雜質的影響。通常表面張力會因溫度增加而減小，如末頁附表，因溫度增加時，液體分子的平均動能增加，因此分子間的吸引力相對減小。底下節錄水的表面張力隨溫度 T 變化的經驗方程式 (摘錄自中文維基百科條目：表面張力係數)：

$$\sigma=0.07275[1-0.002(T-291)]$$

三、實驗儀器

項次	配件名稱	數量	項次	配件名稱	數量
1	升降馬達	1	2	升降馬達基架	
3	電源供應器 (6V/1A)	1	4	升降台座	1
5	測定液體用玻璃皿	2	6	測定用環	2
7	攝影機固定台座	1	8		

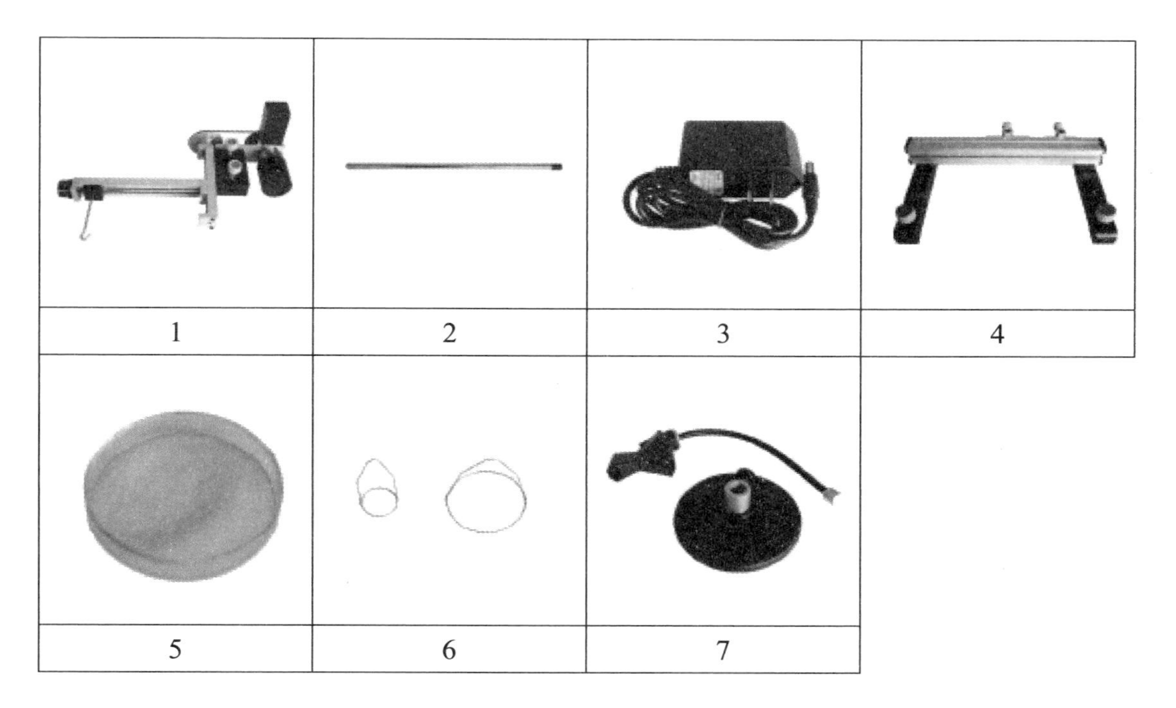

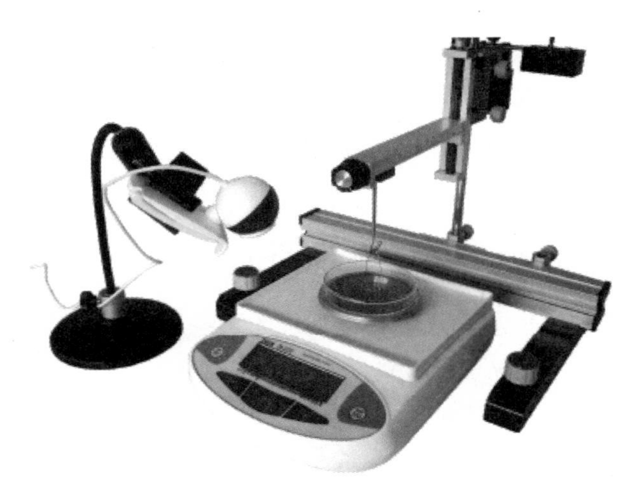

圖一　表面張力實驗裝置圖

四、實驗步驟

1．實驗前請先進行電腦與視訊攝影機之互動聯接設定。
2．實驗裝置架設如圖 1，請留意攝影機須同時拍攝到測定用環及電子秤顯示儀表。
3．開啟電子秤電源，實驗前請將電子秤歸零。
4．將待測液體置於玻璃皿中，並置於電子秤上。
5．將測定用環懸掛於測定儀掛鉤上，調整其位置約位於玻璃皿正中央上方處，然後使測定用環沒入玻璃皿液體內 (測定用環須恰好接觸玻璃皿底部)。
6．執行電子秤皮重功能 (TARE) 使電子秤再度歸零，開啟視訊攝影機錄影功能，然後開啟升降馬達電源開關。
7．當液膜破裂後 5 秒關閉升降馬達開關，約 20 秒後停止攝影機錄影。
8．重覆步驟 5 至 7 數次，從錄影影片中尋找液膜破裂前最後讀數以及破裂後 10 秒時電子秤讀數，將數次實驗數值代入公式 2，求得表面張力平均值。
9．更換不同待測液體並重覆實驗步驟 4 至 8，求得新液體的表面張力平均值。

五、注意事項

1．測定用環懸掛於測定儀上時需保持乾燥，特別於更換待測液體時需特別注意，避免影響實驗結果。
2．測定揮發性液體時，可使用電子秤專用的罩蓋排除液體的揮發效應。

實驗14　表面張力實驗

系　別：＿＿＿＿＿＿＿＿　學　號：＿＿＿＿＿＿＿＿

組　別：＿＿＿＿＿＿＿＿　日　期：＿＿＿＿＿＿＿＿

姓　名：＿＿＿＿＿＿＿＿　評　分：＿＿＿＿＿＿＿＿

(註　實驗完畢立即填妥本實驗數據，送請任課教師核閱簽章。)

六、記錄

(一) 待測液體：＿＿＿＿＿＿＿＿　測定用環直徑：＿＿＿＿＿＿cm

次數	液膜破裂前讀數 F_i (gw)	液膜破裂後讀數 F_f (gw)	表面張力值 T (N/m)
1			
2			
3			

理論值：＿＿＿＿＿　平均值：＿＿＿＿＿　實驗誤差：＿＿＿＿＿ %

(二) 待測液體：＿＿＿＿＿＿＿＿　測定用環直徑：＿＿＿＿＿＿cm

次數	液膜破裂前讀數 F_i (gw)	液膜破裂後讀數 F_f (gw)	表面張力值 T (N/m)
1			
2			
3			

理論值：＿＿＿＿＿　平均值：＿＿＿＿＿　實驗誤差：＿＿＿＿＿ %

(三) 待測液體：＿＿＿＿＿＿＿＿　測定用環直徑：＿＿＿＿＿＿cm

次數	液膜破裂前讀數 F_i (gw)	液膜破裂後讀數 F_f (gw)	表面張力值 T (N/m)
1			
2			
3			

理論值：＿＿＿＿＿　平均值：＿＿＿＿＿　實驗誤差：＿＿＿＿＿ %

七、討論

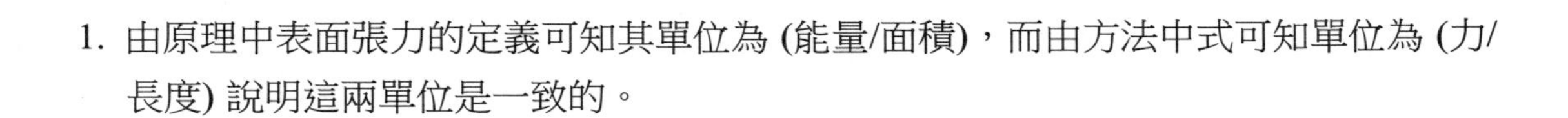

1. 由原理中表面張力的定義可知其單位為 (能量/面積)，而由方法中式可知單位為 (力/長度) 說明這兩單位是一致的。

2. 為何某些待測液體的實驗值與理論值有較大的差異？原因何在？

3. 根據實驗理論我們可以預測電子秤讀數於薄膜破裂之前應會逐漸增加，實驗結果是否如此？若有不同，則可能原因為何？

八、附錄

液體	溫度(℃)	表面張力值	液體	溫度(℃)	表面張力值
醋酸	20	27.6	異丙醇	20	21.7
40.1% 醋酸	30	40.68	汞	15	487
10% 醋酸	30	54.56	汞	20	476
丙酮	20	23.7	甲醇	20	22.6
乙醚	20	17.0	正辛烷	20	21.8
乙醇	20	22.27	6.0M 氯化鈉水溶液	20	82.55
40% 乙醇	25	29.63	55% 蔗糖水	20	76.45
11.1% 乙醇	25	46.03	水	0	75.64
甘油	20	63	水	20	72.75
正己烷	20	18.4	水	25	71.97
17.7M 氫氯酸溶液	20	65.95	水	50	67.91
苯	20	28.9	水	100	58.85

實驗 15

雙狹縫干涉實驗

一、目的

觀察光的雙狹縫干涉現象，進而測量單色光的波長。

二、原理

如圖一所示，d 為兩狹縫 S_1 和 S_2 的間距，L 為狹縫至光屏的距離，θ 為兩直線 $\overline{QP}$ 和 $\overline{QO}$ 之間的夾角，$\overline{QO}$ 為 $\overline{S_1S_2}$ 的中垂線，若 $L >> d$，則 $\overline{S_1P}$ 和 $\overline{S_2P}$ 近似平行，故光波從兩狹縫發出至 P 點的光程差 δ 為

$$\delta = d\sin\theta \tag{1}$$

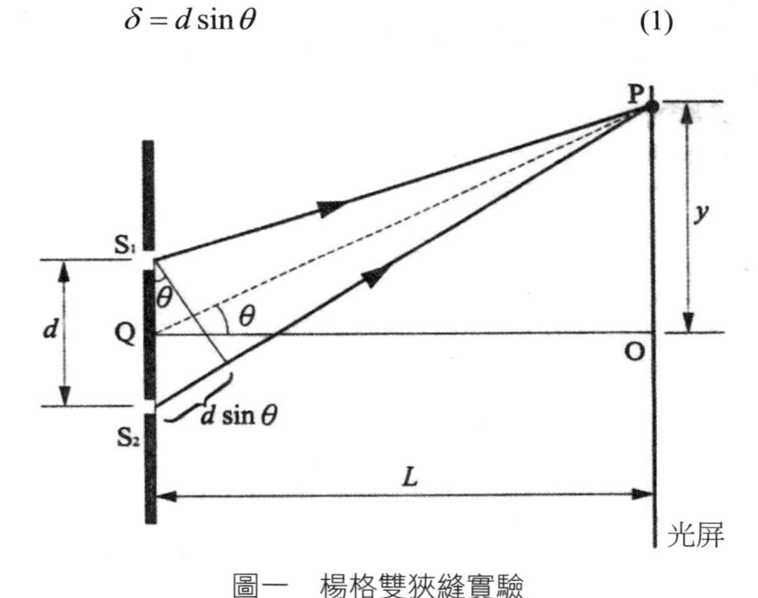

圖一　楊格雙狹縫實驗

在光屏上形成亮紋 (即完全相長干涉) 的條件為

$$d\sin\theta = m\lambda \ (m = 0、\pm 1、\pm 2、\cdots\cdots) \tag{2}$$

在光屏上產生暗紋（即完全相消干涉）的條件為

$$d\sin\theta = (m + \frac{1}{2})\lambda \ (m = 0、\pm 1、\pm 2、\cdots\cdots) \tag{3}$$

由於兩狹縫之間的距離 d 遠大於光波的波長 λ，故 θ 很小，所以 $\sin\theta \approx \tan\theta = \frac{y}{L}$，(2) 式可改寫為

$$y_{亮} = m\frac{\lambda L}{d} \tag{4}$$

同樣地 (3) 式可改寫為

$$y_{暗} = (m+\frac{1}{2})\frac{\lambda L}{d} \tag{5}$$

由 (5) 式，可得兩相鄰暗紋 (或亮紋) 之間的距離為

$$\Delta y = \frac{\lambda L}{d} \tag{6}$$

在實驗中量取 Δy 和 L，連同已知的狹縫間距 d，利用上式可求得光的波長 λ。

三、實驗儀器

項次	配件名稱	數量	項次	配件名稱	數量
1	實驗台	1	2	光學滑具	3
3	光學試片吸附座	1	4	影屏	1
5	半導體雷射	1	6	單雙狹縫試片	1
7	光柵試片	1			

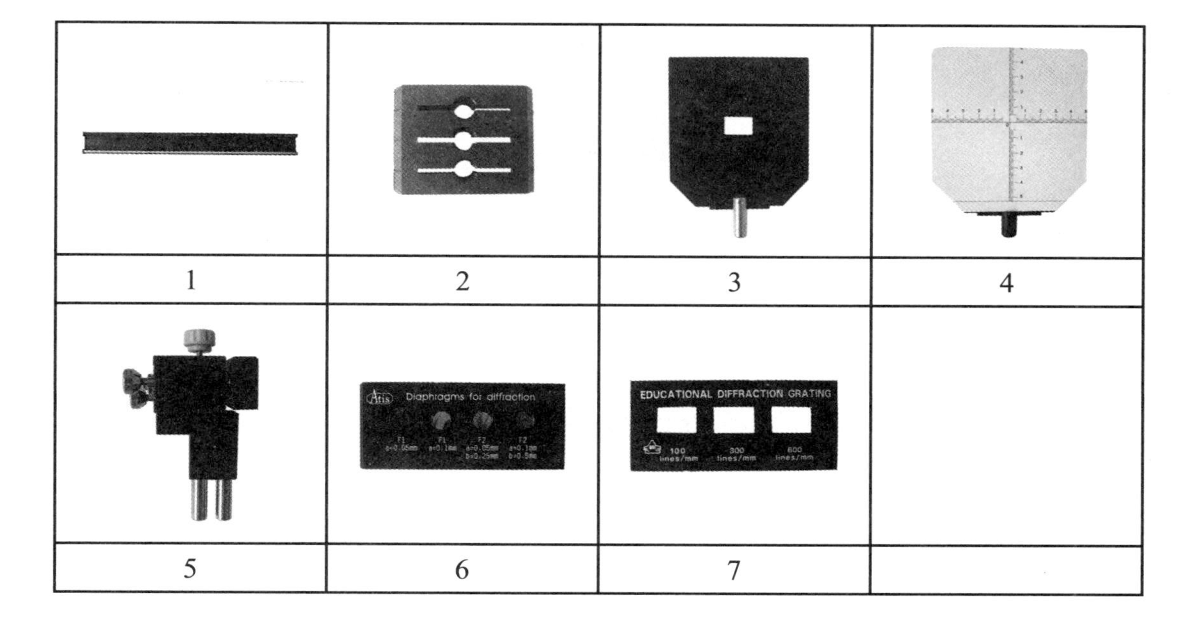

四、實驗步驟

1．如圖二所示，將雷射光源、影屏和光學試片吸附座安裝在滑具上，保持適當距離。

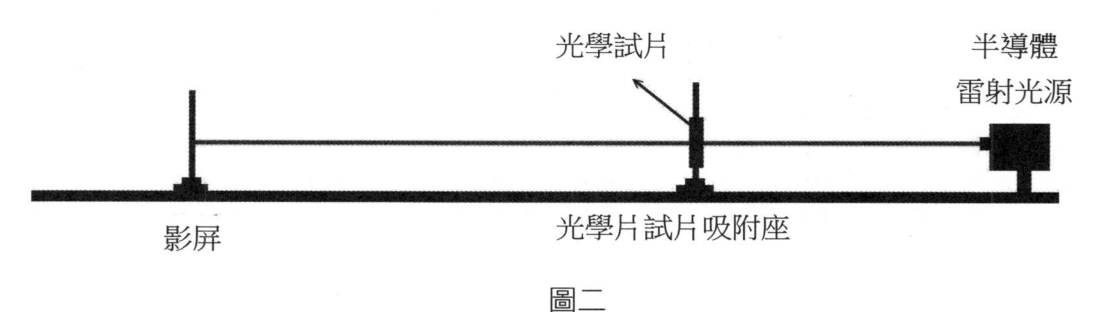

圖二

2．打開雷射光源，調整射出角度使雷射光沿水平方向射出，射在影屏中心。將雙狹縫片吸附在光學試片吸附座上，如圖三。調整光學試片吸附座的位置，使雷射光入射在雙狹縫上再投射到影屏上的干涉條紋最清晰。

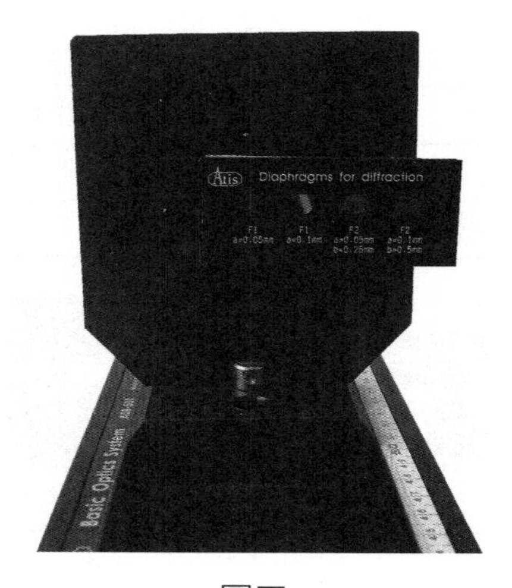

圖三

3．觀察雷射光經由雙狹縫射出後，投射在影屏上的干涉條紋。選取一對有甚大間隔，且可清楚辨認的暗紋，量取這兩條暗紋之間的距離 s ，並計數其間所含的暗紋數 n (含該兩暗紋)，則兩相鄰暗紋之間的距離 $\Delta y=\dfrac{s}{n-1}$ ，如圖四。

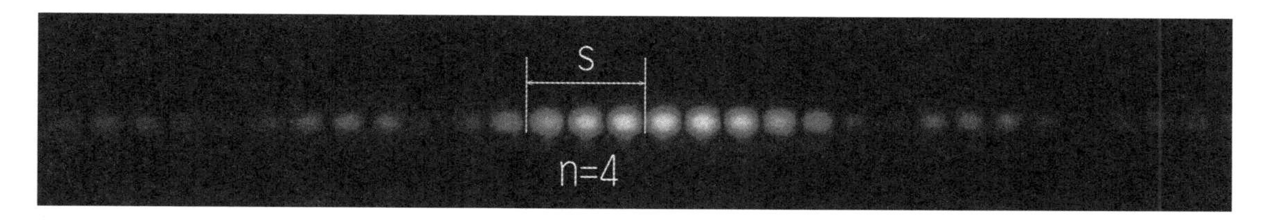

圖四

4．測量並紀錄狹縫到影屏的距離 L 、雙狹縫的間距 d (雙狹縫片上標示有規格)、以及 Δy 。
5．調整影屏距離，重複步驟 3。
6．利用狹縫到影屏的距離 L 、雙狹縫間距 d 、以及 Δy ，配合 (6) 式，分別求出雷射光的波長 λ，並求取平均值。
7．更換第二種雙狹縫片，重複上述步驟，求出雷射光的波長 λ ，並求取平均值。

五、注意事項

使用雷射光源應注意事項如下：
1．切勿使眼睛正對光束，或由雷射光出口往內看。
2．切勿將雷射光投射到任何人的眼睛。
3．不使用雷射光源時，切勿開機。
4．實驗中，如有可能受到雷射光照射，則應戴上護目鏡。

實驗15　雙狹縫干涉實驗

系　別：＿＿＿＿＿＿＿＿　學　號：＿＿＿＿＿＿＿＿
組　別：＿＿＿＿＿＿＿＿　日　期：＿＿＿＿＿＿＿＿
姓　名：＿＿＿＿＿＿＿＿　評　分：＿＿＿＿＿＿＿＿

(註　實驗完畢立即填妥本實驗數據，送請任課教師核閱簽章。)

六、記錄

(一) 狹縫片 1
雙狹縫間距 d=_____mm

次數	狹縫到影屏的距離 L (mm)	兩相鄰暗紋之間的距離 $\Delta y = \frac{s}{n-1}$ (mm)	實驗的波長 $\lambda = \frac{d\Delta y}{L}$ (mm)
1			
2			
3			
4			
5			
		平均	

雷射光的標示波長 λ=_____nm　　(1 nm = 10^{-6} mm)
波長測量百分誤差 ＝ _________%

(二) 狹縫片 2
雙狹縫間距 d=_____mm

次數	狹縫到影屏的距離 L (mm)	兩相鄰暗紋之間的距離 $\Delta y = \frac{s}{n-1}$ (mm)	實驗的波長 $\lambda = \frac{d\Delta y}{L}$ (mm)
1			
2			
3			
4			
5			
		平均	

雷射光的標示波長 λ=_____nm　　(1 nm = 10^{-6} mm)
波長測量百分誤差 ＝ _________%

七、討論

1. 如果使用單色光藍色光源，則在雙狹縫實驗中的亮暗紋寬度會增大還是減小？

2. 如果不是使用單色光源做實驗，會有何現象產生？

3. 說明在本實驗中，當影屏與狹縫間的距離變化時，相鄰暗紋的間距如何變化。

實驗 16

繞射與光柵實驗

一、目的

1．利用單狹縫的繞射現象，測量單狹縫寬度。
2．利用光柵的干涉現象，驗證單位長度的狹縫數。

二、原理

(一) 單狹縫繞射

如果照射在單狹縫的光源是平行光，且從狹縫透出後，沿任一方向射抵光屏的光線皆可視為彼此平行 (理論上相當於將光屏置於離狹縫無窮遠處)，在這種情況下的繞射稱為夫朗和斐繞射 (Fraunhofer diffraction)。

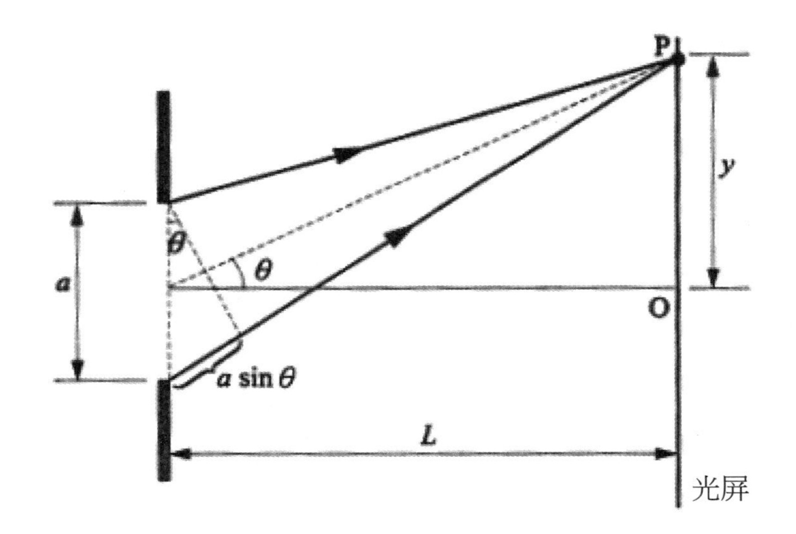

圖一　單狹縫繞射實驗

在本實驗中使用半導體雷射作為光源，所發出的光近似平行光線，且將光屏置於離狹縫甚遠處，即 $L >> a$ ，式中 a 為單狹縫的寬度，如圖一所示從狹縫透出的光可視為由一系列的點波源所發出。若 θ 為光射出方向和狹縫中垂線之間的夾角，則在光屏上產生暗紋的條件，即完全相消干涉，為

$$a\sin\theta = m\lambda \ (m = \pm1、\pm2、\pm3、\cdots\cdots) \qquad (1)$$

注意在上式中沒有包含 $m = 0$ (若 $m = 0$ ，則各光線之間的光程差為零，當交會於

光屏上時，產生完全相長干涉，形成中央亮帶)。由於θ很小，故$\sin\theta \approx \tan\theta = \frac{y}{L}$，(1) 式可改寫為

$$y_{暗} = m\frac{\lambda L}{a} \tag{2}$$

由 (2) 式可知，除了緊鄰在中央亮帶兩側的暗紋之間的距離 (中央亮帶寬度) 為

$$2\Delta y = 2\frac{\lambda L}{a} \tag{3}$$

之外，其餘的相鄰兩暗紋之間的距離均為

$$\Delta y = \frac{\lambda L}{a} \tag{4}$$

在實驗中量取 Δy 和 L，連同測得的 λ，利用上式可以求得單狹縫的寬度 a。

（二）光柵實驗

光柵 (diffraction grating) 是一種非常重要的光學組件。光柵通過有規律的結構，使入射光的振幅或相位 (或兩者同時) 受到週期性空間調製。光柵在光學上的最重要應用是作為分光器件，常被用於單色儀和光譜儀上。

衍射光柵的原理是蘇格蘭數學家詹姆斯・葛列格里發現的，發現時間大約在牛頓的棱鏡實驗的一年後。詹姆斯・葛列格里大概是受到了光線透過鳥類羽毛的啟發。公認的最早的人造光柵是德國物理學家夫琅禾費在 1821 年製成的，那是一個極簡單的金屬絲柵網。但也有人爭辯說費城發明家大衛・里滕豪斯於 1785 年在兩根螺釘之間固定的幾根頭髮才是世界上第一個人造光柵。

通常所講的光柵是基於夫琅禾費多狹縫干涉效應。描述光柵結構與光的入射角和衍射角之間關係的公式叫「光柵方程」。

波在傳播時，波陣面上的每個點都可以被認為是一個單獨的次波源，如圖二；這些次波源再發出球面次波，則以後某一時刻的波陣面，就是該時刻這些球面次波的包跡面 (惠更斯原理)。

一個理想的衍射光柵可以認為由一組等間距的無限長無限窄狹縫組成，狹縫之間的間距為 d，稱為光柵常數。當波長為 λ 的平面波垂直入射于光柵時，每條狹縫上的點都扮演了次波源的角色；從這些次波源發出的光線沿所有方向傳播 (即球面波)。由於狹縫為無限長，可以只考慮與狹縫垂直的平面上的情況，即把狹縫簡化為該平面上的一排點。則在該平面上沿某一特定方向的光場是由從每條狹縫出射的光互相干涉疊加而成的。在發生干涉時，由於從每條狹縫出射的光的在干涉點的相位都不同，它們

之間會部分或全部抵消。

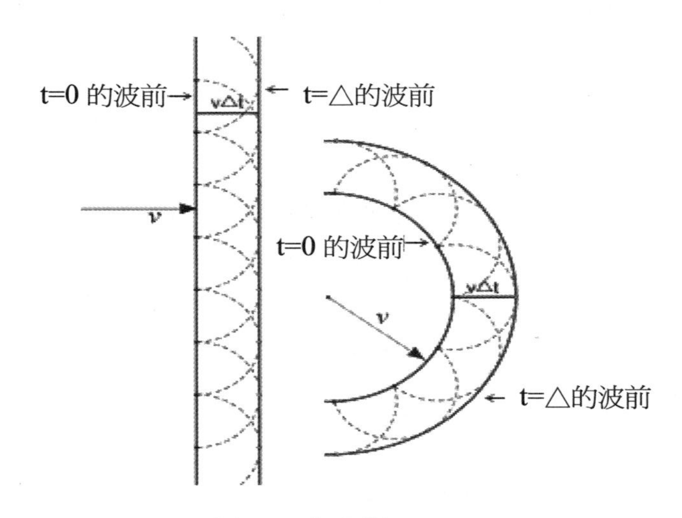

圖二　惠更斯原理

然而，當從相鄰兩條狹縫出射的光線到達干涉點的光程差是光的波長的整數倍時，兩束光線相位相同，就會發生干涉加強現象。若以公式來描述，當衍射角 θ_m 滿足關係 $d\sin\theta_m = m\lambda$ 時發生干涉加強現象，這裏 d 爲狹縫間距，即光柵常數，m 是一個整數，取值爲 0，±1，±2，……。這種干涉加強點稱爲衍射極大。因此，衍射光將在衍射角爲 θ_m 時取得極大，即：

$$d\sin\theta_m = m\lambda \tag{5}$$

由於兩狹縫之間的距離 d 遠大於光波的波長 λ，故 θ 很小，所以

$$\sin\theta \approx \tan\theta = \frac{y}{L}$$

(5) 式可改寫爲：

$$y_m = m\frac{\lambda L}{d} \tag{6}$$

由 (6) 式，可得兩相鄰亮紋之間的距離爲

$$\Delta y_m = \frac{\lambda L}{d} \tag{7}$$

三、實驗儀器

項次	配件名稱	數量	項次	配件名稱	數量
1	實驗台	1	2	光學滑具	3
3	光學試片吸附座	1	4	影屏	1
5	半導體雷射	1	6	單雙狹縫試片	1
7	光柵試片	1			

	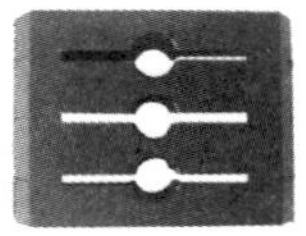		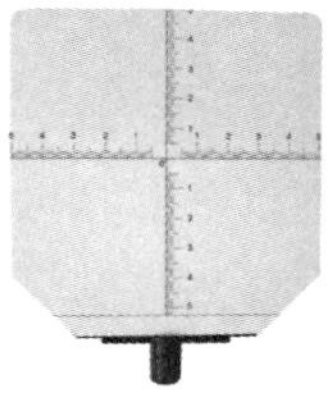
1	2	3	4
	 Atis Diaphragms for diffraction	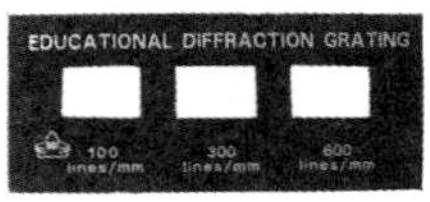 EDUCATIONAL DIFFRACTION GRATING 100 lines/mm 300 lines/mm 600 lines/mm	
5	6	7	

四、實驗步驟

(一) 單狹縫繞射

1．移動光學試片，調整單狹縫片的位置，使雷射光正好入射在單狹縫上再投射到移動式影屏上的繞射條紋最清晰。

2．觀察雷射光經由單狹縫射出後，投射在影屏上的繞射條紋。測得兩相鄰暗紋之間的距離 Δy (注意：緊鄰中央亮帶兩側的暗紋之間的距離為 $2\Delta y$)，如圖三。

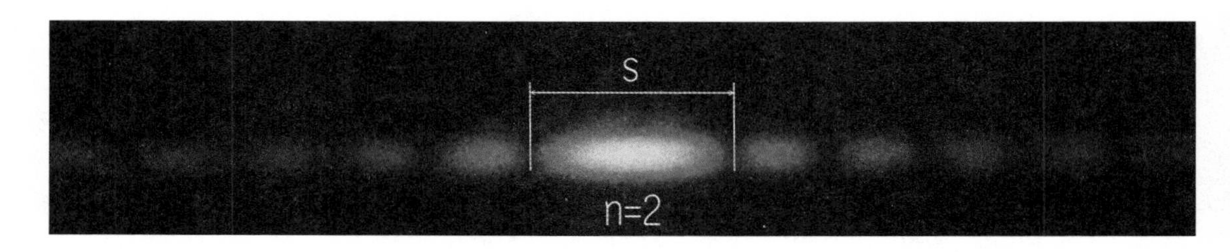

圖三

3．測量並紀錄狹縫到影屏的距離 L 、以及 Δy 。

4．調整影屏距離，重複步驟 3。

5．利用雷射光平均波長 λ 、狹縫到影屏的距離 L 、以及 Δy ，配合 (4) 式可求出單狹縫的寬度 a ，並求取平均值。

6．移動光學試片位置，實驗第二種單狹縫片。

（二）光柵干涉

1．更換光學試片，調整光柵片的位置，使雷射光入射在光柵上再投射到移動式影屏上的干涉條紋最清晰。

2．觀察雷射光經由光柵射出後，投射在影屏上的干涉條紋。選取一對有甚大間隔，且可清楚辨認的亮紋，量取兩相鄰亮紋之間的距離 Δy 。

3．測量並紀錄狹縫到影屏的距離 L 、以及 Δy 。

4．調整影屏距離，重複步驟 3。

5．利用雷射光平均波長 $\overline{\lambda}$ 、狹縫到影屏的距離 L 、以及 Δy ，配合 (7) 式可求出狹縫的間距 d，由間距 d 可推算出單位長度的狹縫數量。

6．移動光學試片位置，實驗第二種光柵片以及第三種光柵片。

實驗16　繞射與光柵實驗

系　別：________________　學　號：________________

組　別：________________　日　期：________________

姓　名：________________　評　分：________________

(註　實驗完畢立即填妥本實驗數據，送請任課教師核閱簽章。)

五、記錄

(一) 單狹縫繞射

雷射光波長 $\lambda =$______mm，單狹縫標示寬度 $a =$_____mm

	兩相鄰暗紋之間的距離 $\Delta y = \frac{s}{n-1}$	狹縫到影屏的距離 L	實驗的單狹縫寬度 a
1			
2			
3			
4			
5			
6			

平均寬度 $\bar{a} =$_____mm

(二) 光柵實驗

雷射光平均波長 $\lambda =$______mm，光柵標示狹縫數＝_____/mm

	兩亮紋間距 Δy	狹縫到影屏的距離 L	實驗得到的狹縫間距 d	單位長度的狹縫數
1				
2				
3				
4				
5				
6				

平均＝_____/mm

六、討論

1. 如果使用單色光藍色光源，則在單狹縫繞射實驗中的中央亮紋寬度會增大還是減小？

2. 如果不是使用白色光源做光柵實驗，會有何現象產生？

3. 說明在本實驗當中，當影屏與狹縫間的距離變化時，相鄰暗紋的間距如何變化。

4. 單狹縫繞射與雙狹縫干涉所產生之條紋有何不同？

實驗 17

克希荷夫定律實驗

一、目的

1．使學生了解電路線路的連接，並能正確地操作電壓計和電流計。

2．了解克希荷夫定律的原理及能實際的電路中操作應用。

二、原理

在一些較複雜之網目電路，如欲直接求各電路上的電壓電流，有時較為困難，尤其當電路中夾雜有電動勢時，更無法求得。克希荷夫在這一方面尋求出一簡捷的法則，我們稱之為克希荷夫定律。克希荷夫定律分為兩部分：

(一) 克希荷夫電壓定律 (KVL)：在網目電路中，任一封閉線路之電動勢的總和等於電阻電壓降的總和。即電位改變為零。

(二) 克希荷夫電流定律 (KCL)：在電路中的任一節點，流進此結點的電流等於流出此結點的電流。即 $\Sigma I_{in} = \Sigma I_{out}$。

應用克希荷夫定律解電路問題時，首先要假設各未知電動勢和電流之方向。然後應用定律列出與未知量相等的獨立方程式，即可將各未知量解出；若所得之值為負值時，即表示實際和假設的方向相反。

如圖一所示，假設通過 R_2、R_3、R_4 的電流為 i_1、i_2、i_3，其方向如圖所示，則 R_1 及 R_5 的電流分別為 i_1 及 i_3，在節點 e 可得

$$i_1 + i_2 - i_3 = 0 \qquad (1)$$

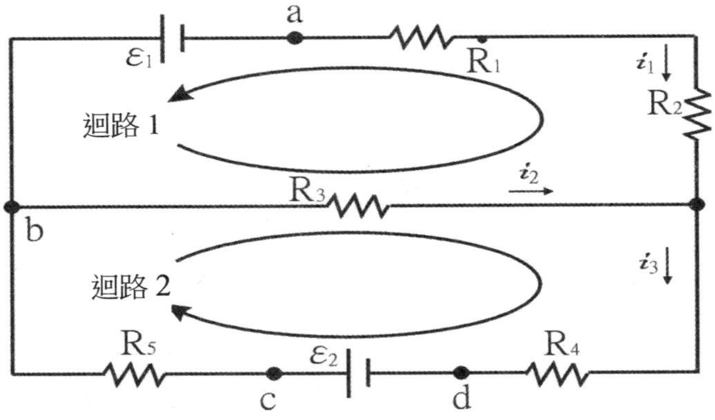

圖一

再由圖中取迴路 1 和迴路 2，由迴路定律得

$$\varepsilon_1 + i_1(R_1 + R_2) - i_2R_3 = 0 \qquad (2)$$

$$\varepsilon_2 - i_2R_3 - i_3(R_4 + R_5) = 0 \qquad (3)$$

解上面三個聯立方程式可得 i_1、i_2、i_3 之值。

三、實驗儀器

項次	配件名稱	數量	項次	配件名稱	數量
1	克希荷夫定律實驗器	1 台	2	直流電源供應器	1 台
3	數位直流電壓電流計	1 台	4	蕉形插頭導線	1 套

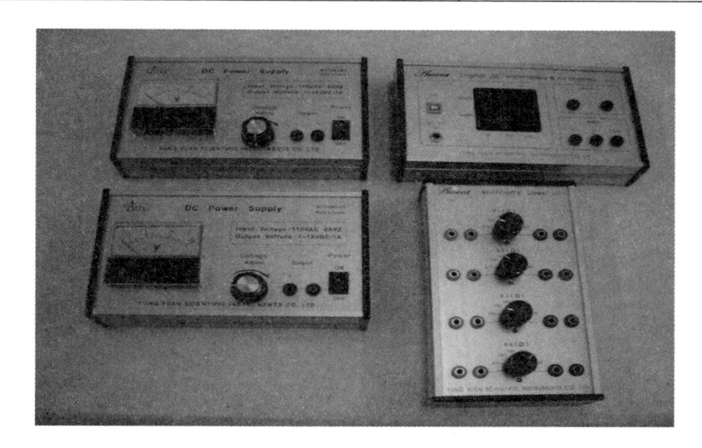

圖二　實驗儀器圖

四、實驗步驟

(一) 單一電源組

1．電路連接如圖三，a-b 間以連接線接至電源供應器，其餘 c-d，e-f，g-h，i-j，k-l 之間均各以一導線連接。

2．以數位直流電壓計分別量取電源電壓 ε 和三個電阻 R_1、R_2、R_3 兩端電位差記為 V_1、V_2、V_3。

3．以數位電流計量電流 i_1、i_2、i_3 之值，此為測量值 (例如：量 c-d 間之電流時需先將連接線取下再將電流計與之串聯)。

4．應用克希荷夫定律寫出獨立的三個方程式，然後求出流經 R_1、R_2、R_3 之電流值，此為理論值。可和測量值做比較。

5．可改變電阻值重複以上步驟實驗之。

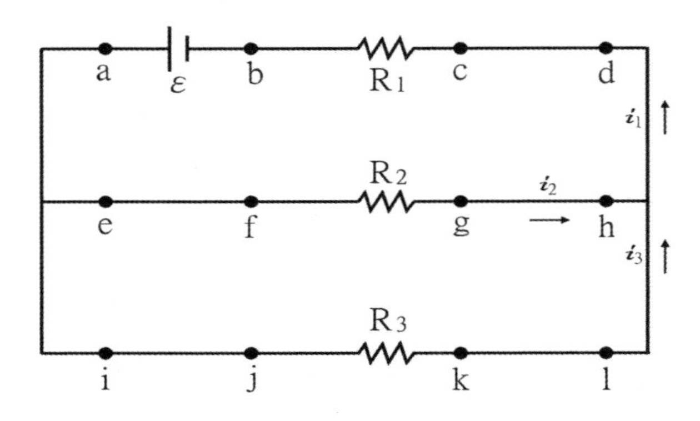

圖三　單電源電路圖

$$i'_1 = \frac{\varepsilon (R_2+R_3)}{R_1R_2+R_2R_3+R_3R_1}$$

$$i'_2 = \frac{\varepsilon R_3}{R_1R_2+R_2R_3+R_3R_1}$$

$$i'_3 = \frac{\varepsilon R_2}{R_1R_2+R_2R_3+R_3R_1}$$

（二）雙電源組

1．如圖四所示，將兩直流電源接入電路中，各可變電阻皆任選一電阻值，記錄 R_1、R_2、R_3 之值。

2．以數位直流電壓計分別量取電源電壓ε_1和ε_2之值和三個電阻 R_1、R_2、R_3 兩端電位差記為 V_1、V_2、V_3。

3．同單一電源之步驟 3。

4．應用克希荷夫定律寫出獨立的三個方程式，然後求出流經 R_1、R_2、R_3 之電流值，此為理論值。可和測量值做比較。

5．可改變電阻值重複以上步驟實驗之。

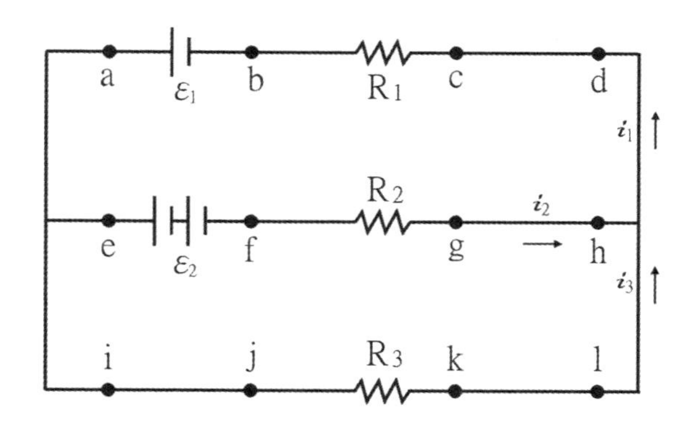

圖四　雙電源電路圖

$$i_1' = \frac{\varepsilon_1(R_2+R_3) - \varepsilon_2 R_3}{R_1R_2+R_2R_3+R_3R_1}$$

$$i_2' = \frac{-\varepsilon_2(R_1+R_3) + \varepsilon_1 R_3}{R_1R_2+R_2R_3+R_3R_1}$$

$$i_3' = \frac{\varepsilon_1 R_2 + \varepsilon_2 R_1}{R_1R_2+R_2R_3+R_3R_1}$$

五、注意事項

1．因本實驗是做直流電的實驗，因此在做電路連接上需注意正負極的連接。

2．所使用的電流、電位差之單位要正確。

實驗17　克希荷夫定律實驗

系　別：＿＿＿＿＿＿＿＿　學　號：＿＿＿＿＿＿＿＿

組　別：＿＿＿＿＿＿＿＿　日　期：＿＿＿＿＿＿＿＿

姓　名：＿＿＿＿＿＿＿＿　評　分：＿＿＿＿＿＿＿＿

(註　實驗完畢立即填妥本實驗數據，送請任課教師核閱簽章。)

六、記錄

(一) 單電源組

	R_1	R_2	R_3	ε	V_1	V_2	V_3	i_1	i_2	i_3	i'_1	i'_2	i'_3
1													
2													
3													

其中 i_1、i_2、i_3 為測量值，i_1'、i_2'、i_3'為理論值。

(二) 光柵實驗

	R_1	R_2	R_3	ε_1	ε_2	V_1	V_2	V_3	i_1	i_2	i_3	i'_1	i'_2	i'_3
1														
2														
3														

其中 i_1、i_2、i_3 為測量值，i_1'、i_2'、i_3' 為理論值。

七、討論

1. 實驗結果測量值和計算出之理論值是否不同？其誤差原因可能為何？

2. 以所得到的實驗數據，根據圖三及圖四之線路圖，來驗證克希荷夫電壓及電流定律。

3. 使用直流電壓計 (伏特計) 和直流電流計 (安培計) 時需注意到什麼問題？

實驗 18

電阻定律實驗

一、目的

利用惠斯登電橋來研究導體之電阻值與其長度、直徑及本身材料之關係，並計算出其電阻係數大小。

二、原理

（一）惠斯登電橋

要迅速並準確地量度一電阻器的電阻值，我們通常採用英國科學家惠斯登所發明的惠斯登電橋來測量。

如圖一電路所示，即為一惠斯登電橋，即 R_1，R_2，R_3 與 R_4 為電阻，G 為電流計。其所以稱為「橋」，乃是由於電流計跨接在兩並聯電路 XAY 與 XBY 上，如同橋之故。當接上電源時，調整某些電阻值，可使電流計 G 的指數為零，則 A 點與 B 點等電位，電橋即達成平衡。

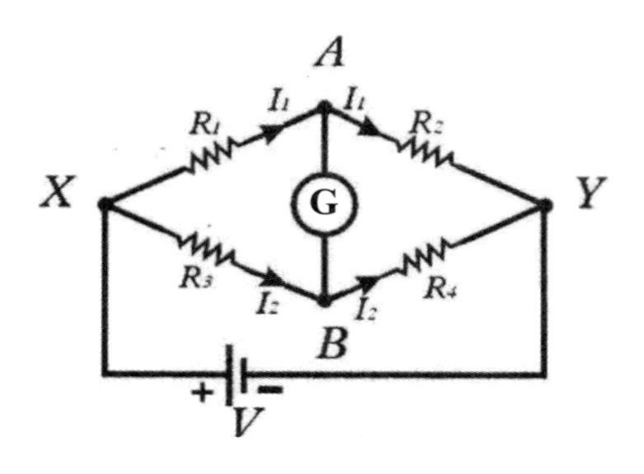

圖一　惠斯登電橋

當電流計無電流通過時，此時通過阻電 R_1 的電流 I_1 將繼續流至電阻 R_2，而通過電阻 R_3 的電流 I_3 也將繼續通過 R_4。同時 A、B 兩點之電位必相等，故 XA 間之電位差與 XB 間之電位差相等。由歐姆定律得知

$$I_1 R_1 = I_2 R_3 \tag{1}$$

同理

$$I_1 R_2 = I_2 R_4 \tag{2}$$

上列兩式相除，則可得

$$\frac{R_1}{R_2}=\frac{R_3}{R_4} \tag{3}$$

或

$$R_2=R_1\frac{R_4}{R_3} \tag{4}$$

故一未知電阻，可利用三已知電阻測得。

（二）滑線惠斯登電橋

滑線惠斯登電橋之裝置如圖 (二)，其線路圖即為圖 (一)，其中 $\overline{XBY}$ 為一均匀材料之金屬導線，通常為一米長。因此式 (4) 中 R_4 與 R_3 之比值即為兩長度 $\overline{BY}$ 與 $\overline{XB}$ 之比值。A 為固定點，接於電流計之一端，電流計之另一端則接上金屬探棒，沿金屬導線 $\overline{XY}$ 上滑動，以找尋可使電流計讀數為零之平衡點 B 點。

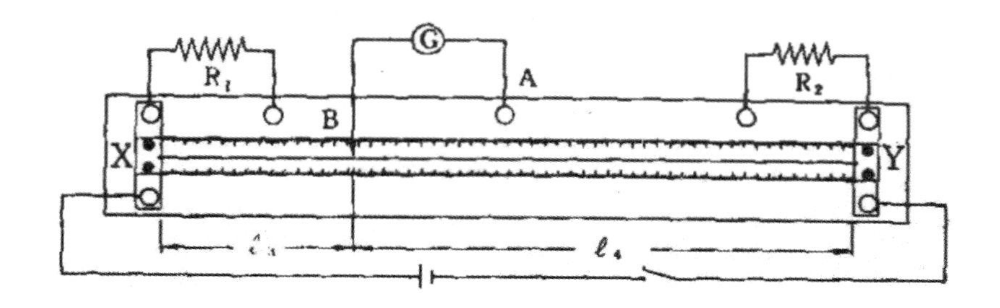

圖二　滑線惠斯登電橋

當 B 點找到後，滑線 X 至 B 之長度為 l_3，B 至 Y 之長度為 l_4，則惠斯登電橋之平衡方程式，式 (3) 可寫成

$$\frac{R_1}{R_2}=\frac{l_3}{l_4} \tag{5}$$

若 R_2 為一待測未知電阻，則 R_2 的值即可由上式求出，其為

$$R_2=R_1\frac{l_4}{l_3} \tag{6}$$

（三）電阻大小之決定因素

導線的電阻與導線之長度 L 成正比，而與截面積 A 成反比，且與導線之性質有關，以公式表示如下：

$$R = \rho \frac{L}{A} \tag{7}$$

其中 ρ 稱為電阻係數，表示該導體之導電性質。在定溫下 ρ 為一常數。

對不同物質，在某一溫度下，電阻係數 ρ 之值視所用材料、長度、截面積及電阻大小與使用單位來決定。由式 (7) 可得

$$\rho = R \frac{A}{L} \tag{8}$$

在公制單位中，電阻係數通常以歐姆公尺 $(\Omega \cdot m)$、歐姆公分 $(\Omega \cdot cm)$ 來表示。

三、實驗儀器

滑線電橋，直流電源供應器，十進位電阻箱，待測電阻組，電流計，探針，連接線。

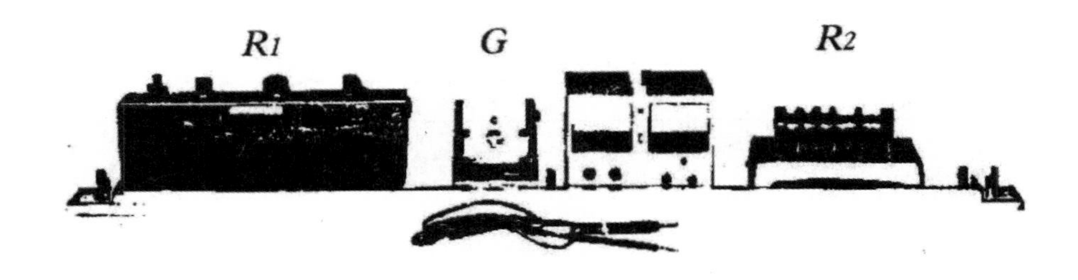

圖三　實驗儀器

四、實驗步驟

1．如圖二所示，將滑線惠斯登電橋線路接妥。左側為可調電阻箱 R_1，右側為待側電阻 R_2，中央為電流計 G。
2．首先接上第一組待測量阻，將電流計之 L 型探針與滑線之接觸點 B 點移至滑線中央，再打開電源供應器。
3．調整電阻箱之值，使電流計之讀數在零點附近，再慢慢移動 L 型探針，找到使電流計指針正對於零的位置。
4．記錄可變電阻箱 R_1 之值與滑線左右兩段之長 l_3，l_4，利用式 (6) 求出待測電阻之值。

5．由計算出的電阻值，再參考附表之數據利用式 (8) 求出待測電阻之電阻係數 ρ。

6．更換其他不同的待測電阻，重覆步驟 2 至 5。

五、注意事項

1．電源供應器輸出之電流不可太大，不可超過 1 安培，以免滑線因電阻小而發熱燒損或鬆脫。

2．更換待測電阻時，請先關閉電源再予以更換。

六、附表

常見材料之電阻係數

材料	電阻係數 ($\Omega \cdot m$)	材料	電阻係數 ($\Omega \cdot m$)
銀	1.47×10^{-8}	鎳	8.0×10^{-6}
銅	1.72×10^{-8}	石墨	3.5×10^{-5}
鋁	2.83×10^{-8}	碳	0.43
鎢	5.51×10^{-8}	鍺	2.6×10^{3}
鐵	10.0×10^{-8}	矽	10^{5}~10^{7}
鎳銅 (Cu60% Ni40%)	100×10^{-8}	花崗岩	4.0×10^{11}
鎳鉻 (Cr60% Ni40%)	150×10^{-8}	雲母	5.0×10^{16}

🗋 實驗18　電阻定律實驗

系　別：＿＿＿＿＿＿＿＿　學　號：＿＿＿＿＿＿＿＿
組　別：＿＿＿＿＿＿＿＿　日　期：＿＿＿＿＿＿＿＿
姓　名：＿＿＿＿＿＿＿＿　評　分：＿＿＿＿＿＿＿＿

(註　實驗完畢立即填妥本實驗數據，送請任課教師核閱簽章。)

七、記錄

編號	次數	十進電阻箱	滑線長度		待測電阻	平均值	截面積	電阻係數
		R_1 (Ω)	l_3 (cm)	l_4 (cm)	$R_2 = R_1 \frac{l_4}{l_3}$	R_2 (Ω)	$A = \frac{\pi d^2}{4}$ (m^2)	$\rho = R_2 \frac{A}{L}$ (Ω-m)
No.1	1							
	2							
No.2	1							
	2							
No.3	1							
	2							
No.4	1							
	2							
No.5	1							
	2							

八、討論

1. 由實驗結果，試比較材料與直徑相同之導線，其電阻如何隨長度變化？

2. 由實驗結果，試比較材料與長度相同之導線，其電阻如何隨直徑變化？

3. 由實驗結果，試比較不同材料但長度與直徑相同之導線，其電阻與電阻係數有何關係？

實驗 19

歐姆定律實驗

一、目的

研究串聯電路中，電壓與電流間的關係。

二、原理

對於導體而言，歐姆定律是描述導體兩端如有電位差產生時，流過導體電流與電位差成正比的關係：

$$V = I \times R$$

也就是說，無論如何改變電位差，電阻值都不改變，這關係才算成立。換句話說，一個遵守歐姆定律的導體，它的電阻值與電位差的大小及極化情況完全無關。如此一來，一個合乎歐姆定律的電子元件，它的 I-V 圖就是線性關係。

三、方法

在串聯電路中，改變電阻值的電阻，觀察其電壓與電流之關係。

四、實驗儀器

插接板、燈固定器、白熾燈 (4V/0.04A，E10)、電阻 (47Ω)、電阻 (100Ω)、電線盒、連接線 (25cm，紅色)、連接線 (25cm，藍色)、連接線 (50cm，紅色)、連接線 (50cm，藍色)、萬用表、電源 (0…12V，6V~，12V~)。

五、實驗步驟

(一) 實驗一

1．用 50Ω 電阻搭建電路如圖一所示。
2．接通電源，由 0V 開始，逐漸的增加電壓的值到 10V，測量電流和電壓並記錄在表格一中。
3．用 100Ω 電阻代替 50Ω 電阻，並重覆步驟 2。

4．切斷開關。

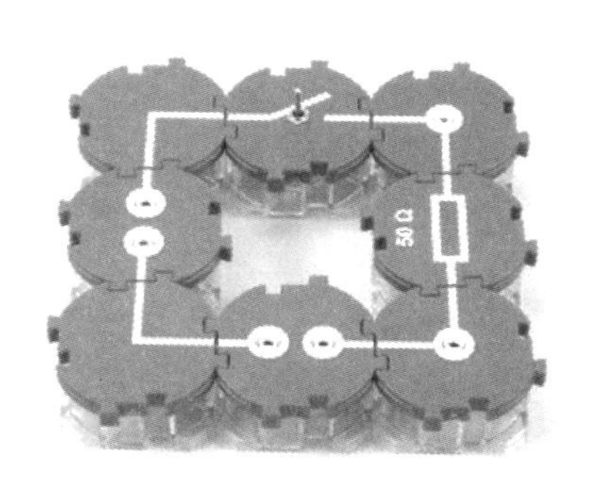

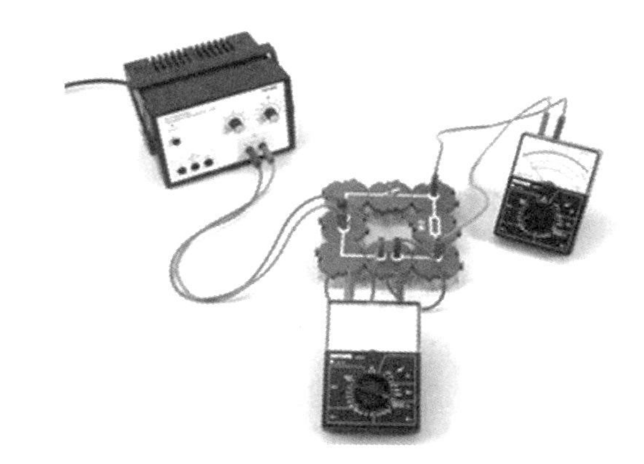

圖一

(二) 實驗二

1．改變實驗裝置，以白熾燈泡取代電阻，如圖二。

2．直接連接電壓。

3．從 0V 開始，逐漸的增加電壓的值到 10V，測量電流和電壓記錄在表格二。

4．觀察在實驗過程白熾燈泡的亮度並記錄。

5．切斷開關。

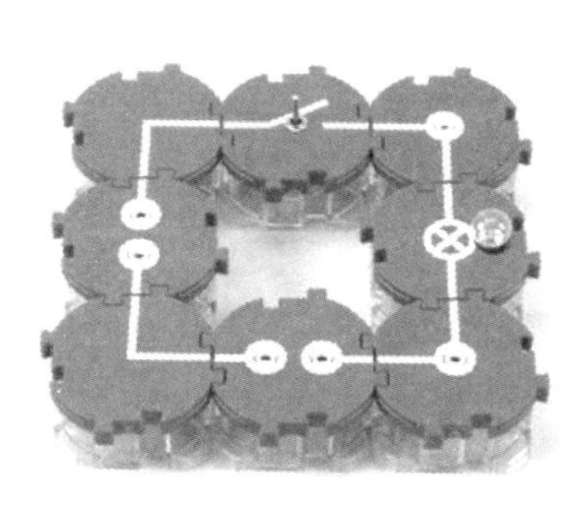
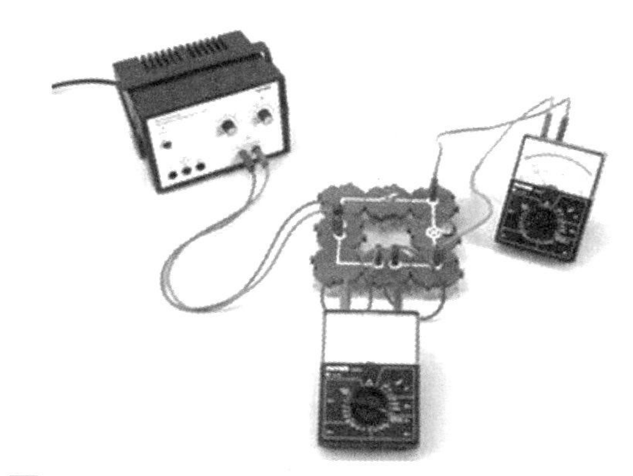

圖二

六、注意事項

1．所搭建電路須正確，否則無法量測。

2．小燈泡的的電壓值不可大於 10V，以免燈泡燒壞。

實驗19　歐姆定律實驗

系　別：＿＿＿＿＿＿＿＿　學　號：＿＿＿＿＿＿＿＿

組　別：＿＿＿＿＿＿＿＿　日　期：＿＿＿＿＿＿＿＿

姓　名：＿＿＿＿＿＿＿＿　評　分：＿＿＿＿＿＿＿＿

(註　實驗完畢立即填妥本實驗數據，送請任課教師核閱簽章。)

七、記錄

(一) 表格一

U(V)	I(A)		U/I(V/A)	
	R＝50 Ω	R＝100 Ω	R＝50 Ω	R＝100 Ω
0				
2				
4				
6				
8				
10				

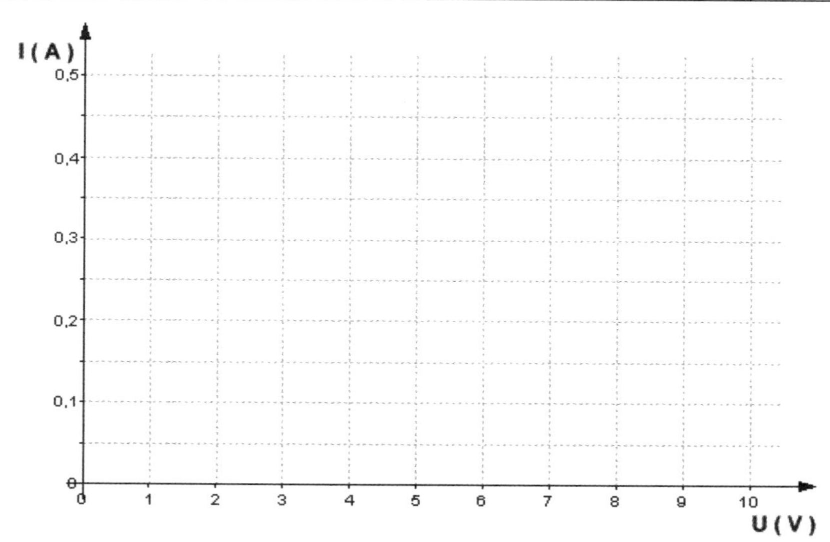

（二）表格二

U(V)	I(A)	U/I(V/A)
0		
2		
4		
6		
8		
10		

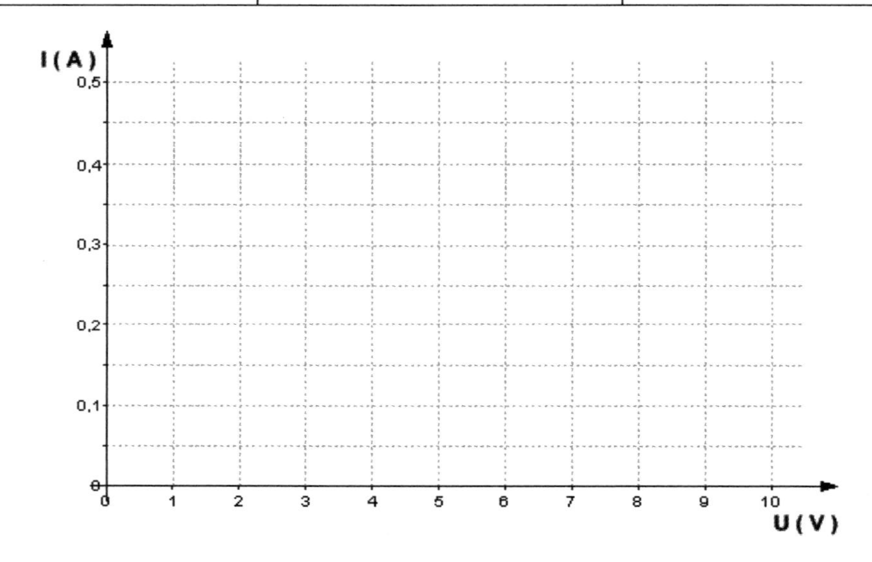

八、討論

1. 觀察在實驗二中白熾燈的亮度，並記錄之。

2. 在實驗一中，依據實驗結果，畫出元件 R＝50Ω 與 R＝100Ω 的曲線圖。找出電流 I 與電壓 U 的正確關係。

3. 計算 U/I 的數值，並填寫於表格一中的第三欄，找出電流 I 與電壓 U 之間的關係？此關係即為歐姆定律。

4. 計算 50Ω 和 100Ω 的 U/I 的平均值，與實驗中使用的元件之電阻值進行比較，是否有相同？試說明之。

5. 畫出表格二白熾燈泡的電流 I 與電壓 U 的測量值的曲線圖。計算表格二中 U/I 的數值並填入第三欄中。歐姆定律是否適用於白熾燈？

6. 只要 $I \neq 0$，則 $R = U/I$。在何種條件下，可適用歐姆定律？(注意：白熾燈的亮度與金屬燈絲的溫度有關。)

實驗 20

電位測定實驗

一、目的

了解滑線電位計的構造原理，並測定電池的電動勢。

二、原理

1．凡電池皆有內電阻，因此電動勢往往不等於它的端電壓，其相互關係為 $E=V\pm Ir$，其中 E 表電動勢，V 表端電壓，r 表電池內阻，I 表電流。
2．最簡單的電位計如圖一所示，它僅包含一均勻的高電阻線 AB，由 DC POWER 供應一個穩定電流，待測電池 Ex 與 G 串聯後，一端與 A 點相接，另一端與 C 點則可在電阻線 AB 間滑動。而 DC POWER 與電池，正極相接，負極相接。
3．在 AB 間移動 C 點，使 G 指針不偏轉，則此時 AC 長為 Lx，其電位差 IRx 剛好等於待測電池的電動勢 Ex，即 $Ex=Irx$。
4．若電池 Ex 被換為已知電動勢的標準電池 Es，則可找出另一 C’ 點，使 $AC=Ls$，即 $Es=Irs$。

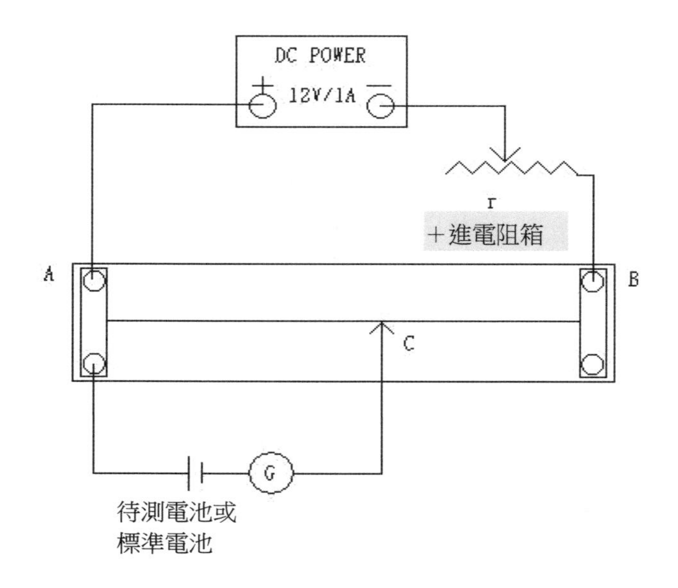

圖一　電路接線圖

三、實驗儀器

項次	配件名稱	數量	項次	配件名稱	數量
1	2m 滑線電橋 (底板，電阻線，米尺)	1 組	2	探針	1 個
3	檢流器	1 個	4	十進電阻箱	1 個
5	標準電池(1.0855V~1.0864V)	1 個	6	待測電池和電池座	1 組
7	連接線 (槍型導線 45cm)	8 條	8	連接線 (鱷魚夾導線)	4 條
9	DC POWER (12V/1A)	1 組			

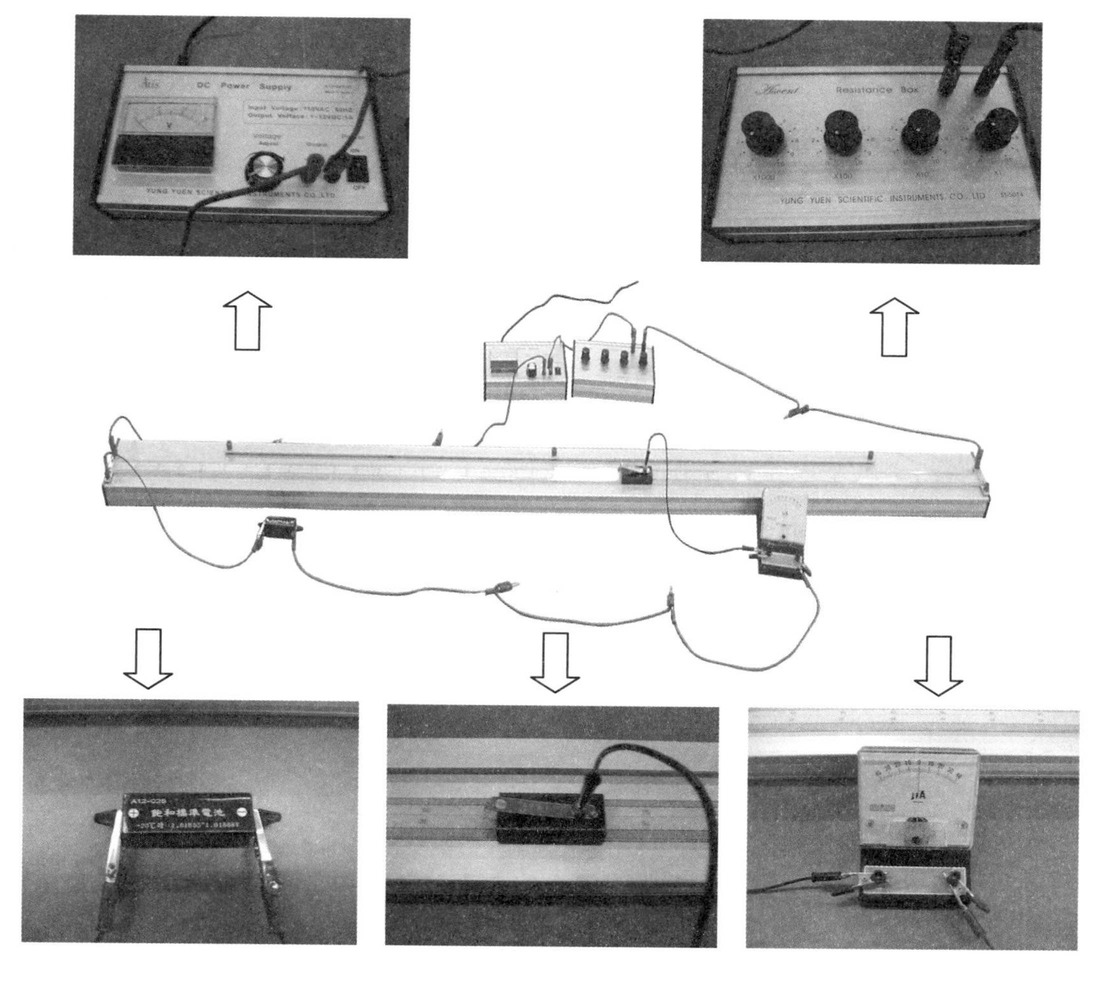

圖二　實驗儀器接線圖

四、實驗步驟

1．取標準電池將線路接妥，如圖一，並將 DC POWER 調整電壓超過 1.5V。(最佳值為 2.5V)。
2．移動探針 C，使其 G 不發生偏轉。記錄此時的 AC 長度 Ls。
3．另取代測電池，不需調整 DC POWER，重覆第二步驟。記錄此時的 AC 長度 Lx。
4．完成上述步驟即可求得電動勢 Ex。重覆四次求取平均值。

實驗20　電位測定實驗

系　別：	________	學　號：	________
組　別：	________	日　期：	________
姓　名：	________	評　分：	________

(註　實驗完畢立即填妥本實驗數據，送請任課教師核閱簽章。)

五、記錄

標準電池電動勢 Es =			
次數	Ls	Lx	Ex
1			
2			
3			
4			
5			
Ex 平均值=			

百分誤差：________%

六、討論

1. 試說明電池的端電壓與電動勢的差異。

2. 本實驗造成誤差的主要原因為何？

實驗 21

RC 電路實驗

一、目的

了解電容器的充、放電情形及求其時間常數。

二、原理

(一) 電容

電容器在電路中是用來儲存電能，濾波或諧振等多種用途，其在電路皆以充電或放電的方式來完成。電容大小被定義為淨電荷 Q，與相對應電位 V 間的比例常數，並與其大小、形狀及材質有關。

$$C = Q/V \tag{1}$$

電容的單位是法拉 (F)，當電量變化一庫侖，而電位變化 1 伏特時，則稱該電容器有 1 法拉的電容。實用上，因法拉太大，而以微法拉 ($1\mu F = 10^{-6}$ F)，或微微 (皮) 法拉 ($1pF = 10^{-12}$ F) 表示。

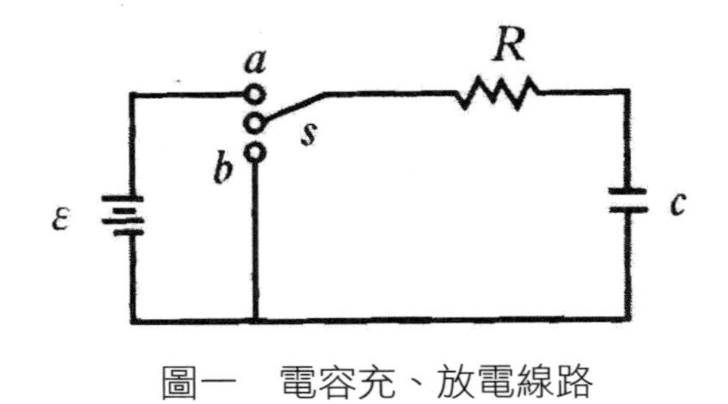

圖一　電容充、放電線路

(二) 電容充電情形

考慮一個電阻 R，一個電容 C 與一直流電源串聯而成的迴路，如圖一所示，當開關 S 位置在 a 點，此時電容器逐漸堆積電荷而產生與電源極性相反之電壓 V_c，依照克希荷夫的電壓定律，充電後任一瞬間的迴路電壓為

$$\varepsilon - V_c = IR \tag{2}$$

由電流定義 $I = dQ/dt$ 以及電容定義 $V_c = Q/C$，代入式 (2) 得

$$\varepsilon - (Q/C) = R(dQ/dt)$$

整理後得電量 Q 的一次微分方程式

$$R(dQ/dt)+Q/C=\varepsilon \quad (3)$$

上式之微分方程式之解為：

$$Q=C\varepsilon(1-e^{-t/RC}) \quad (4)$$

而 $$I=dQ/dt=(\varepsilon/R)\ e\text{-}t/RC \quad (5)$$

若 V_c，V_r 為電容器及電阻器兩端電位差，則

$$V_c=Q/C=\varepsilon(1-e^{-t/RC}) \quad (6)$$

$$Vr=\varepsilon e^{-t/RC} \quad (7)$$

當 $t=0$ 時 $Q=0$，$I=\varepsilon/R$, $V_c=0$，$V_r=\varepsilon$

當 $t=\infty$ 時 $Q=C\varepsilon$，$I=0$，$V_c=\varepsilon$，$V_r=0$

當 $t=RC$ 時，$Q=C\varepsilon(1-e^{-1})=0.63C\varepsilon$, $I=0.37\ (\varepsilon/R)$，此時電容器之電荷為飽和值的 63%，電流則降為最大值的 37%，如圖二所示，而 RC 的因次與時間相同，特稱之為 RC 電路的時間常數 (time constant) 。

當電容器充電時間為無限長後，則電容器上之電荷值等於 $C\varepsilon$，稱為飽和值，電容器兩端的電壓與電源電壓相等 $V_c=\varepsilon$，迴路電流為 0，電容器有如斷路。然而當充電時間 t=5RC 時，則電容器上的電荷幾乎接近飽和值。

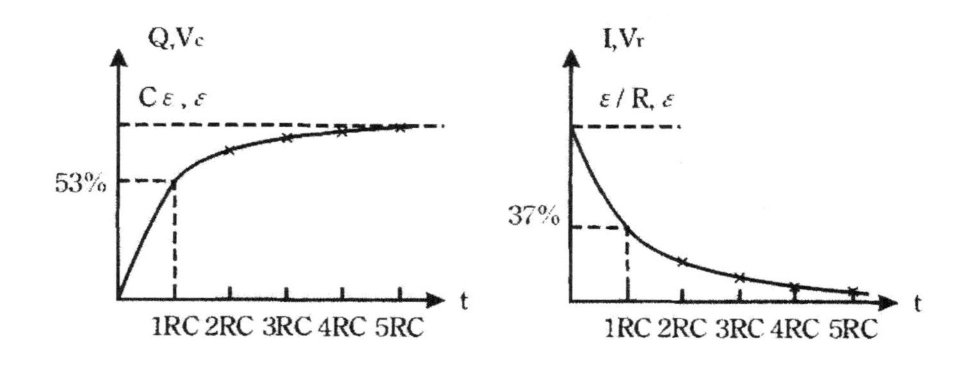

圖二 電容器充電情形

(三) 電容放電情形

如圖一，當電容充電時間很久 (t>5RC) 以後，當開關 S 位置在 b 點，此時電路上沒有電源的電動勢 (ε=0)，則迴路方程式為

$$IR+Vc=0$$

即 $$R\,(dQ/dt)+Q/C=0 \tag{8}$$

上式之微分方程式之解為：

$$Q=Q_o\,e^{-t/RC}=C\varepsilon e^{-t/RC} \tag{9}$$

而 $$I=dQ/dt=-(\varepsilon/R)\,e^{-t/RC} \tag{10}$$

負號代表電流方向與圖一所示相反。

若 V_c，Vr 為電容器及電阻器兩端的電位差，則

$$Vc=Q/C=\varepsilon\,e^{-t/RC} \tag{11}$$

而 $$Vr=-\varepsilon e^{-t/RC} \tag{12}$$

當 $t=0$ 時 $Q=C\varepsilon$，$I=\varepsilon/R$，$V_c=\varepsilon$，$V_r=-\varepsilon$。

當 $t=\infty$ 時 $Q=0$，$I=0$，$V_c=0$，$V_r=0$。

當 $t=RC$ 時，$Q=C\,\varepsilon e^{-1}=0.37C\,\varepsilon$，$I=-0.37\,(\varepsilon/R)$，此時電容器之電荷為飽和值的 37%，電流則降為最大值的 -37% ，如圖三所示。

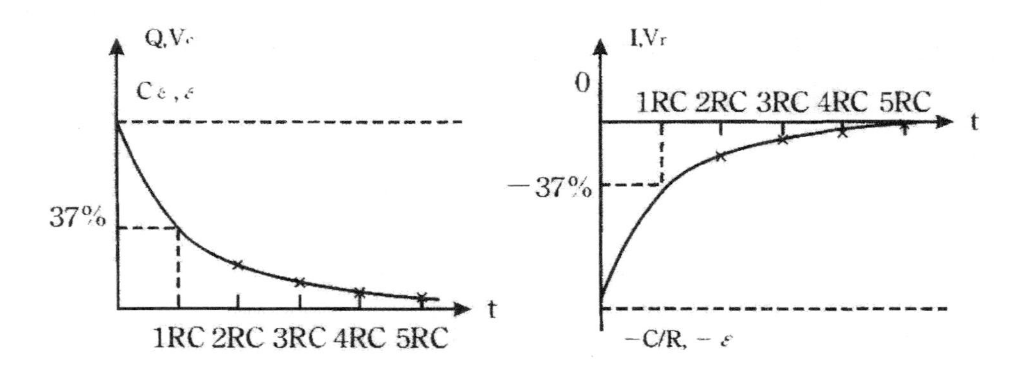

圖三 電容器放電情形

三、實驗儀器

(1) RC 迴路實驗裝置：電容模組 (470 μF，47 μF)，電阻模組及 (47KΩ，10KΩ)。

(2) 直流電源供應器或 12 伏特電池。

(3) 三用量表，碼錶，連接線。

四、實驗步驟

（一）電容充電情形

1．將電路實驗面板的線圖及零件仔細觀察，實線表示導線已裝妥，首先直流電源輸入端 (外接直流電源)、充放電及 OFF 開關、電阻 (47KΩ) 及電容 (470 μF)，在電阻及電容的兩端均留接線端子，作為其兩端電壓的測試點。

2．將直流電源供應器的輸出端接至實驗面板上的直流電流源輸入端，將三用電表接至電容器兩端，如欲同時測量電流的變化情形，則另取一台三用電表接至電阻器的兩端。三用電表均使用直流電壓 10V 範圍檔。

3．選擇待測電容 (C) 及電阻 (R)，並先預估充電至飽和時之時間 (約 5RC)，再決定每隔多久量一次電壓，一般以 0.5RC 為一測量時間，例如 C = 470 μF，R = 47KΩ，則 0.5RC = 11(s)，即每隔約 5 秒測量一次電壓。

4．打開電源供應器電源開關，調整輸出電壓約 6 伏特，再檢查電容是否留有電荷 (將充放電開關放至放電位置，看電容器兩瑞之電壓是否為零)，當計時器準備好時，將充放電開關放至充電位置 (位置 1)，計時開始，每隔上述預估測量時間，記錄電容器 (或電阻器) 兩端電壓一次，一直記錄到飽和充電時 (大於 5RC 的時間)。接著下一步驟是放電。

（二）電容放電情形

5．延續步驟 4，將計時器重新歸零，將充放電開關放至放電位置 (位置 2)，計時開始，每隔上述預估測量時間，記錄電容器 (或電阻器) 兩端電壓一次，一直記錄到電壓接近零 (大於 5RC 的時間) 為止。

6．以時間為橫座標，電容器兩端的電壓為縱座標，分別畫出電容充、放電的曲線圖，並由曲線圖找出電容時間常數 RC，再與理論值比較。如以時間為橫座標，電阻器兩端的電壓為縱座標，分別畫出當電容充、放電時電阻器兩端的電壓的曲線。

7．改變電容器與電阻器的組合，重覆上述步驟。

實驗21 RC電路實驗

系 別：______________ 學 號：______________

組 別：______________ 日 期：______________

姓 名：______________ 評 分：______________

(註 實驗完畢立即填妥本實驗數據，送請任課教師核閱簽章。)

五、記錄

（一）電容器充電時兩端電壓變化值

R = ______________ C = ______________

最大電壓$V_c = \varepsilon =$ __________ 理論RC值 = ____________

時間 (s)													
V_c (V)													
時間 (s)													
V_c (V)													

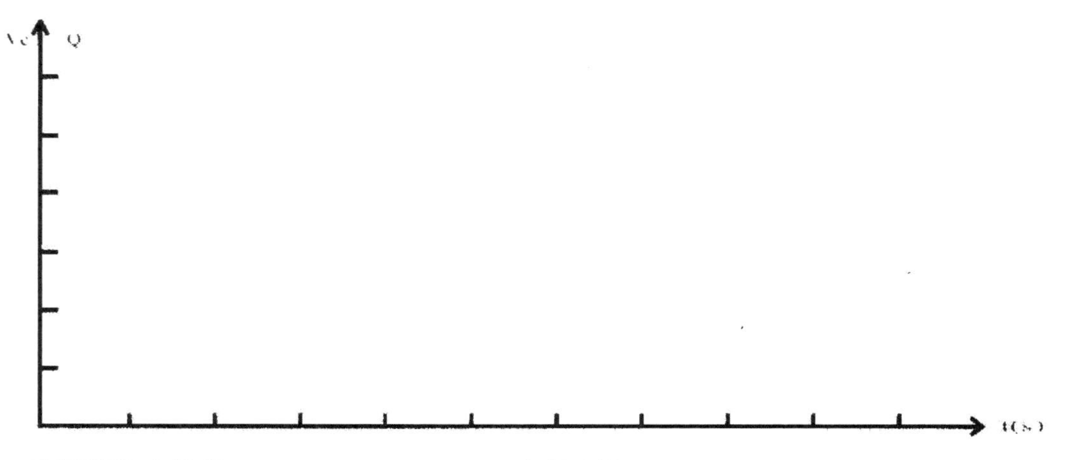

時間常數實驗值 = 百分誤差 =

（二）電容器放電時兩端電壓變化值

R＝ ______________ C＝ ______________

最大電壓$V_c = \varepsilon =$ __________ 理論RC值 ＝ ____________

時間 (s)													
V_c (V)													

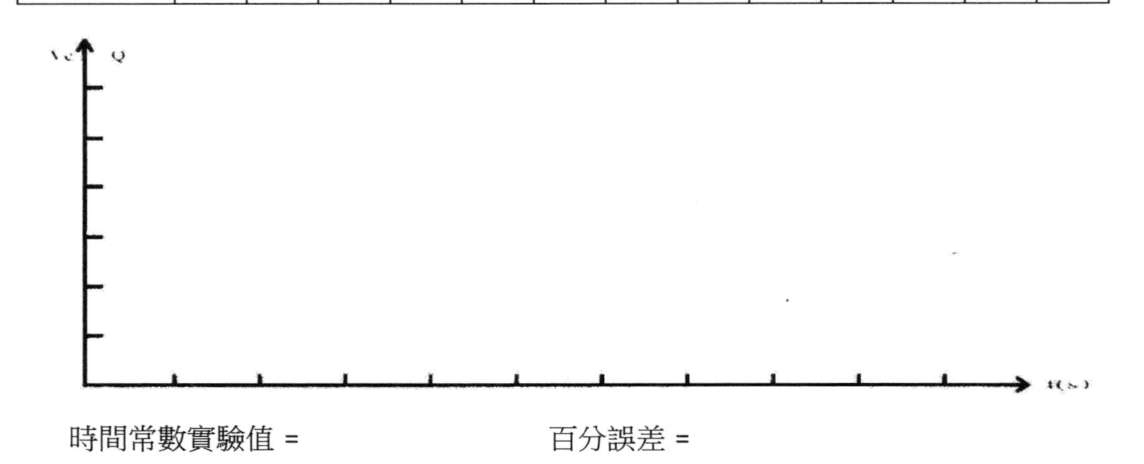

時間常數實驗值 = 百分誤差 =

（三）電容器充電時兩端電壓變化值

R＝ ____________ C＝ ______________

最大電壓$V_c = \varepsilon =$ __________ 理論RC值 ＝ ____________

時間 (s)													
V_c (V)													

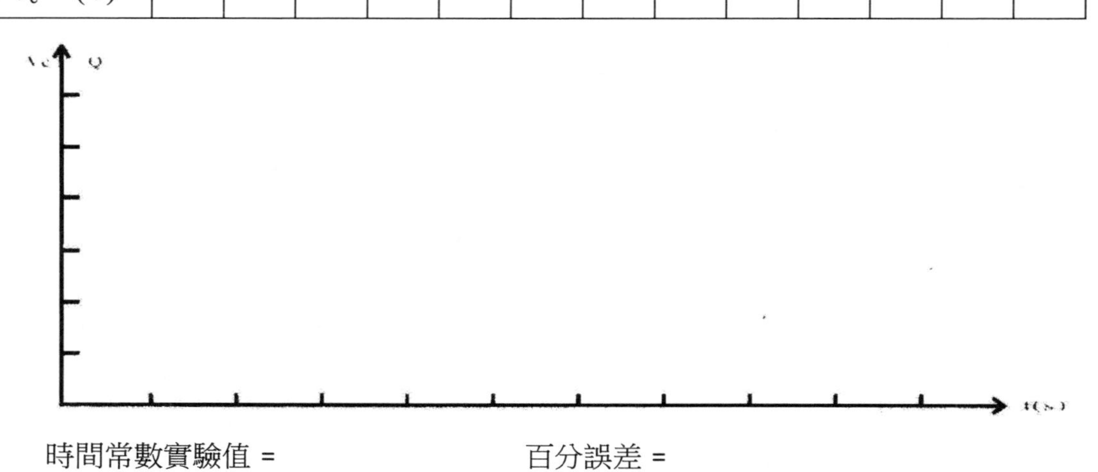

時間常數實驗值 = 百分誤差 =

（四）電容器放電時兩端電壓變化值

R＝ ______________　　C＝ ______________

最大電壓$V_c = \varepsilon =$ ___________　　理論RC值 = ______________

時間 (s)													
V_c (V)													

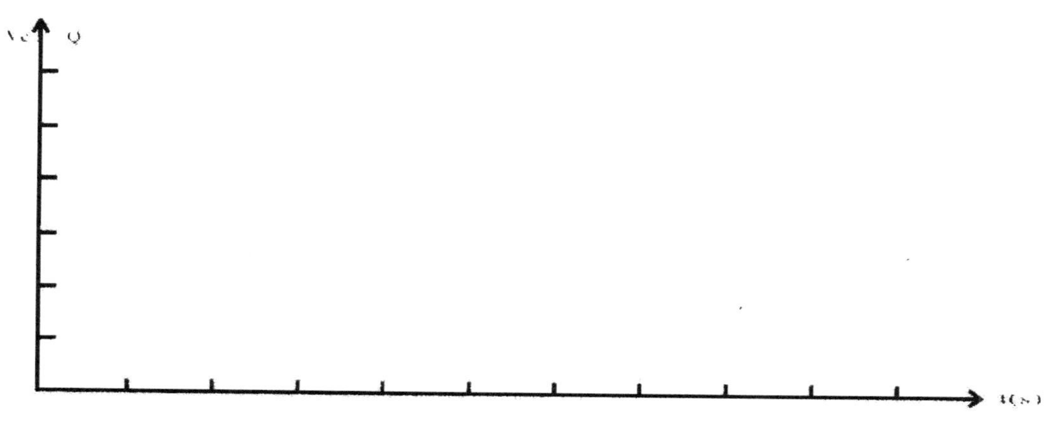

時間常數實驗值 =　　　　　　　　　　百分誤差 =

六、討論

1. 當電容器充電時間為五倍時間常數後，電容器上之電荷為最大電荷的幾分之幾？

2. 當電容器放電時間為五倍時間常數後，電容器上之電荷為最初電荷的幾分之幾？

實驗 22

亥姆霍茲線圈的磁場實驗

一、目的

利用亥姆霍茲線圈，輸入電流產生磁場，測量兩線圈在不同距離時所產生的磁場強度變化情形。

二、原理

如圖一，當一對帶有相同匝數、相同直徑的線圈排列在一公共軸線上，互相串聯而成的圓形平行線圈，當兩線圈之間的間距等於一個線圈半徑長度 (R) 時，這樣一個裝置稱為亥姆霍茲線圈 (Helmholtz coils)。當兩個線圈通以相同方向之電流時，其間距的中心點 O 處之磁場 B 大小可以證明為：

$$B = \frac{1}{(\frac{5}{4})^{3/2}} \frac{\mu_0 NI}{R} \approx 0.716 \frac{\mu_0 NI}{R} \qquad (1)$$

上式中 B：磁場的強度 (T)

μ_0磁導常數 $= 4\pi \times 10^{-7}$ (T-m/A)

N 線圈匝數

I 電流 (A)

R 線圈半徑 (m)

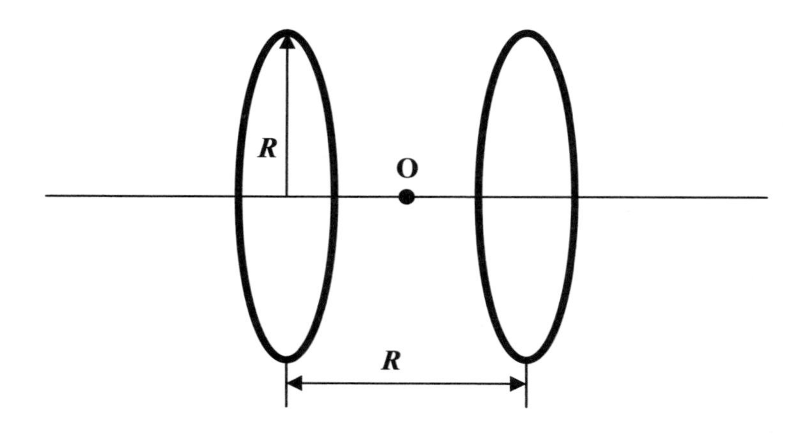

圖一　亥姆霍茲線圈示意圖

三、實驗儀器

亥姆霍茲線圈二個、實驗滑走台、電源供應器、磁場感應器、位移感應器、電腦數據擷取器。

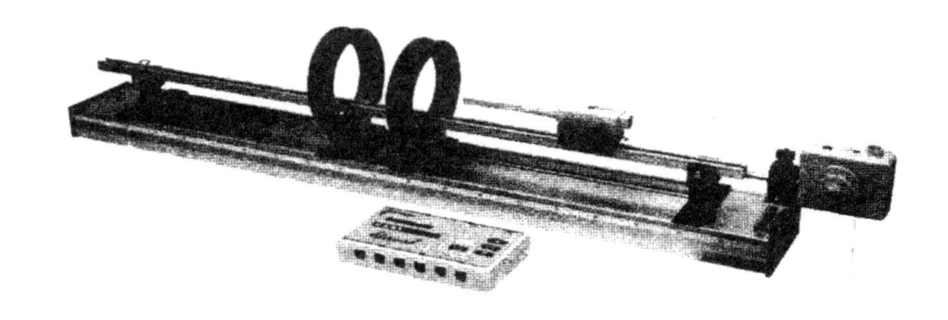

圖二　亥姆霍茲線圈實驗裝置圖

四、實驗步驟

1．將儀器擺設如圖二。
2．兩線圈排放的間距爲線圈半徑 R。
3．主打開電源供應器設定 10V，並紀錄此時的電流。
4．打開電腦及數據擷取器設定所要的實驗條件 (時間約 10 秒鐘)。
5．將磁場感應器放置在線圈前端處，按下數據擷取鍵後，放開磁場感應器使其自由滑回線圈後端，直到數據擷取完畢。
6．計算實驗數値與理論値誤差多少。
7．改變兩線圈間距使其大於 R 與小於 R 重新測量數次，並比較其中的差異大小。
8．改變電源供應器之電壓，並紀錄當時得電流，觀察相同位置磁場的數據値有何變化。

實驗22　亥姆霍茲線圈的磁場實驗

系　別：＿＿＿＿＿＿＿　學　號：＿＿＿＿＿＿＿
組　別：＿＿＿＿＿＿＿　日　期：＿＿＿＿＿＿＿
姓　名：＿＿＿＿＿＿＿　評　分：＿＿＿＿＿＿＿

(註　實驗完畢立即填妥本實驗數據，送請任課教師核閱簽章。)

五、記錄

(一) 與理論值作比較

線圈電流 I (A)	線圈半徑 R (m)	線圈匝數 N	理論磁場值 (T)	實際磁場值 (T)	百分誤差 (%)

(二) 兩線圈間距對磁場的影響 (將線圈匝數及電流固定)

	兩線圈間距 (m)	量得之磁場大小 (T)
0.25 R		
0.5 R		
1R		
1.25 R		
1.5 R		
2.0 R		

六、討論

1. 本實驗結果造成誤差的可能因素有哪些？

2. 倘若改變其中一個線圈電流的方向，對磁場是否會有所影響？

實驗 23

電流天平實驗

一、目的

利用電流天平的平衡，測量紀錄砝碼質量、天平電流和螺線管電流，以計算螺線管內磁場強度，並觀察螺線管電流與磁場之間的關係。

二、原理

厄斯特在 1819 年發現電流導線周圍的磁針有偏轉的現象，並且載流導線在磁場中有受力的現象首先由安培所發現。他從實驗中發現長度為 ℓ ，電流為 i 的一段導線，在磁場 B 中所受的磁力 F 的作用其關係為：

$$F = I\ell B\sin\theta \quad (1)$$

式中θ是電流方向與磁場方向之間的夾角。由上式可知當載流導線與磁場垂直時，所受的磁力最大：而當兩者平行時，所受的磁力為零。並由實驗結果發現，載流導線所受磁力的方向同時垂直於磁場和電流的方向，因此上式可改寫成下列向量積的數學形式，可同時表示載流導線在磁場中所受磁力的大小和方向：

$$\vec{F} = I\times\vec{\ell}\times\vec{B} \quad (2)$$

式中 $\vec{\ell}$ 的向量方向為電流的方向，其大小為導線在磁場中的長度。磁力的方向可由數學向量外積的結果得知。在上兩式中，電流的單位為安培 (A)，導線長度的單位為公尺 (m)，磁場的單位為特士拉 (T)，而磁力的單位則為牛頓 (N)。本實驗利用電流天平來測定螺線管磁場的大小。電流天平的構造如圖一所示。

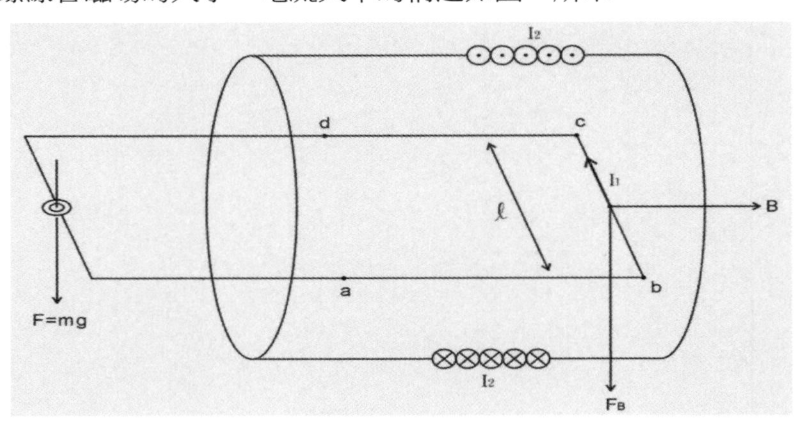

圖一　電流天平構造圖

如圖二，當天平傾斜時，載流的受力導線在線圈中保持垂直磁場方向，因此 $F = I_1 \ell B$ ，此時 ab 段導線與 cd 段導線受力大小相等方向相反而互相抵消，ab 段導線與 cd 段導線不對天平造成力矩，只有 bc 段導線能夠對天平造成力矩。

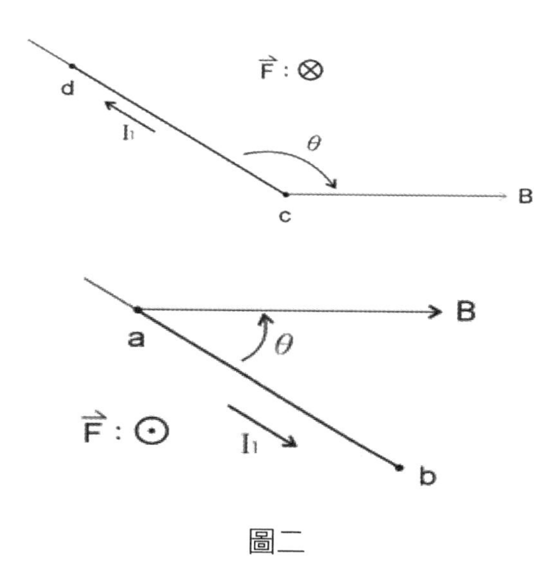

圖二

當天平平衡時，左邊砝碼對天平施力等於載流導線在線圈磁場中的受力，因此：

$$F = F_B$$

即 $$mg = I_1 \ell B$$

可得：

$$B = \frac{mg}{I_1 \ell} \tag{3}$$

其中，電流 I_1 的單位為安培 (A)、導線長度 ℓ 的單位為公尺 (m)、磁場 B 的單位為特士拉 (T)、而質量的單位則為公斤 (kg)、重力加速度為 9.8 m/s^2 。螺線管的磁場除了可用上述方式求出之外，還可以用螺線管電流求出，其關係式為

$$B = \mu_0 \, n \, I_2 \tag{4}$$

其中，磁場 B 的單位為特士拉 (T)，而 $\mu_0 = 4\pi \times 10^{-7}$ N/A^2 乃是真空磁導常數 (permeability of free space)、n 是 1公尺長線圈的圈數、電流 I_2 的單位則為安培 (A)。

本實驗利用天平平衡，以測得螺線管內的實驗磁場 B ，並觀察比較實驗磁場 $B = \frac{mg}{I_1 \ell}$ 、理論磁場 $B = \mu_0 \, n \, I_2$ 與線圈電流 I_2 的關係。

三、實驗儀器

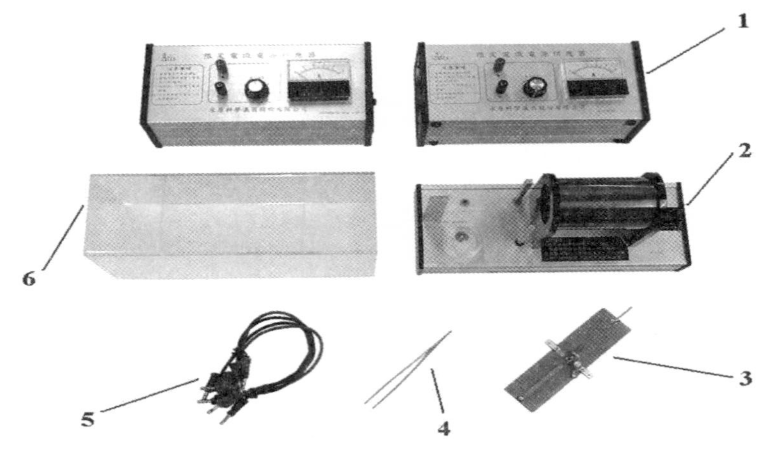

項次	配件名稱	數量	項次	配件名稱	數量
1	限定電流電源供應器 (5A)	2	2	螺絲管天平基座	2
3	電流天平	1	4	鑷子	1
5	導線	4	6	防風罩	1

螺線管天平基座：

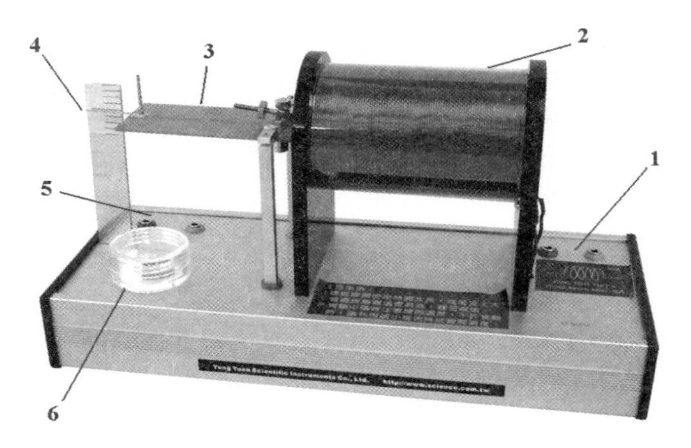

項次	配件名稱	項次	配件名稱
1	線圈電流輸入輸出	2	線圈
3	電流天平	4	平衡刻度尺
5	天平電流輸入輸出	6	砝碼保管盒

電流天平：

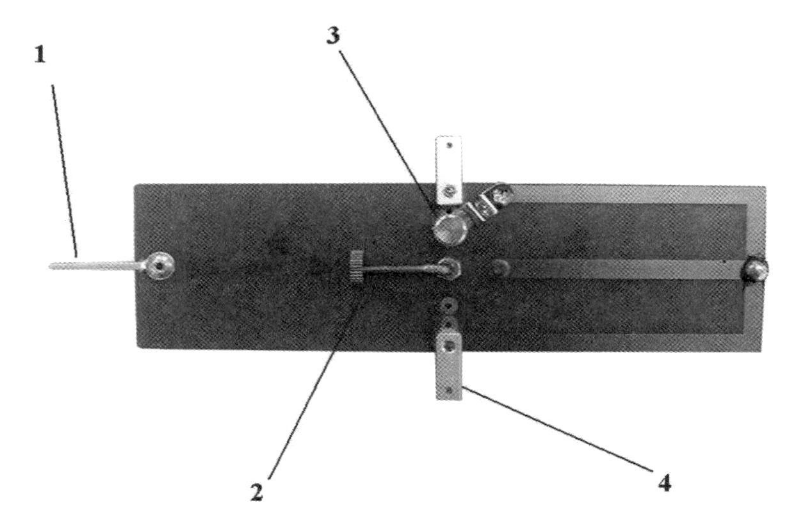

項次	配件名稱	項次	配件名稱
1	平衡指針	2	歸零校準螺絲
3	線路長度旋鈕	4	天平支點

四、實驗步驟

1．將儀器裝置架設如圖三。

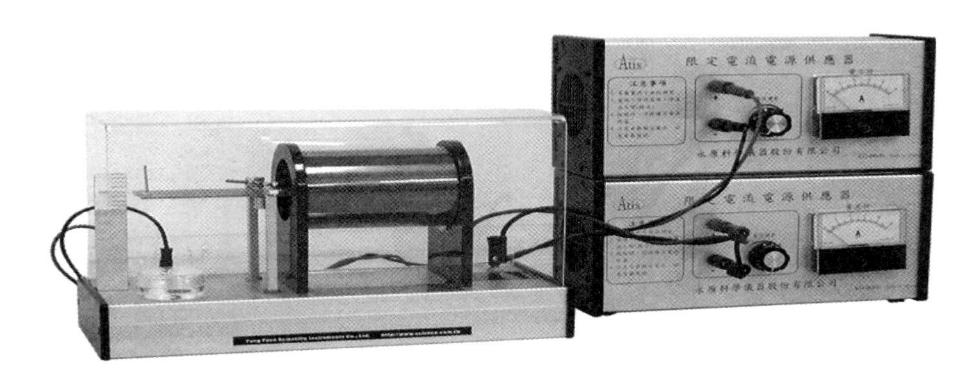

圖三

2．檢查電源和線路確保安全後，打開兩個電源供應器，調整兩電流輸出約 2 安培，觀察天平外露端是否受力而向上翹起，如果相反 (向下) 則需改變線圈電流輸入方向。

3．將兩電源供應器的電流輸出歸零。

4．取下天平防風罩，取出天平，調整線路長度旋鈕，選擇較長的線路長度 (44mm)，將天平放回天平基座。

5．在天平、線圈皆無電流的狀態下，調整歸零校準螺絲使天平保持水平，指針對準水平刻度，如圖四。

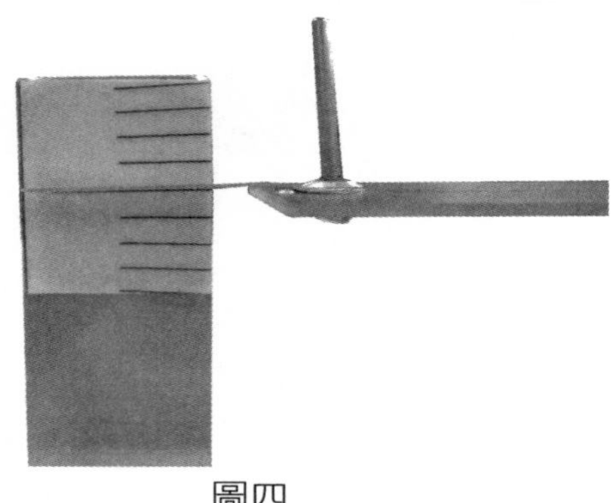

圖四

6．調整天平電流為 2 安培。

7．在天平的砝碼插銷上放一個 10mg 的砝碼，此時天平外露端往下掉，指針低於水平刻度，如圖五。(附的小砝碼為 10mg，大砝碼為 28mg。)

圖五　　圖六

8．蓋上天平防風罩。

9．慢慢增加線圈電流，此時可見天平外露端慢慢升起，當天平回到水平位置，指針回復到水平刻度時，記錄此時的線圈電流，如圖六。

10．取下防風罩，重複步驟 5-8 並逐次在天平上增加一個砝碼。注意！增大線圈電流時要注意不要超過 5 安培。

11．重複步驟 7-10，調整天平電流為 3、4 安培，分別再做兩個循環，28mg 砝碼也可配合使用。

12．取下天平防風罩，取出天平，調整線路長度旋鈕，選擇較短的線路長度 (22mm)，將天平放回天平基座，重複步驟 5-11。

13．將所得數據繪出螺線管內磁場 $B = \dfrac{mg}{I_1 \ell}$ 對線圈電流 I_2 的關係圖。

14．利用螺線管內部磁場公式，在同一張紙上繪出螺線管內磁場 $B = \mu_0 \, n \, I_2$ 對線圈電流 I_2 的關係圖。

實驗23　電流天平實驗

系　別：＿＿＿＿＿＿　學　號：＿＿＿＿＿＿

組　別：＿＿＿＿＿＿　日　期：＿＿＿＿＿＿

姓　名：＿＿＿＿＿＿　評　分：＿＿＿＿＿＿

(註　實驗完畢立即填妥本實驗數據，送請任課教師核閱簽章。)

五、記錄

(一) 電流天平的電流 I_1=＿＿A　　重力加速度 $g=9.80m/s^2$

導線長度 ℓ (m)	砝碼質量 m (kg)	螺線管磁場實驗值 $B=mg/I_1\ell$ (T)	螺線管電流 I_2 (A)	螺線管磁場理論值 $B=\mu_0 n I_2$ (T)

螺線管磁場百分誤差 = ＿＿＿＿%

(二) 電流天平的電流 I_1=＿＿A　　重力加速度 $g=9.80m/s^2$

導線長度 ℓ (m)	砝碼質量 m (kg)	螺線管磁場實驗值 $B=mg/I_1\ell$ (T)	螺線管電流 I_2 (A)	螺線管磁場理論值 $B=\mu_0 n I_2$ (T)

螺線管磁場百分誤差 = ＿＿＿＿%

(三) 電流天平的電流 I_1＝____A　　　重力加速度 g＝9.80m/s^2

導線長度 ℓ (m)	砝碼質量 m (kg)	螺線管磁場實驗值 $B = mg/I_1\ell$ (T)	螺線管電流 I_2 (A)	螺線管磁場理論值 $B = \mu_0 n I_2$ (T)

螺線管磁場百分誤差 ＝ __________%

(四) 利用螺線管內部磁場公式，繪出螺線管內磁場 B 對線圈電流 I_2 的關係圖。

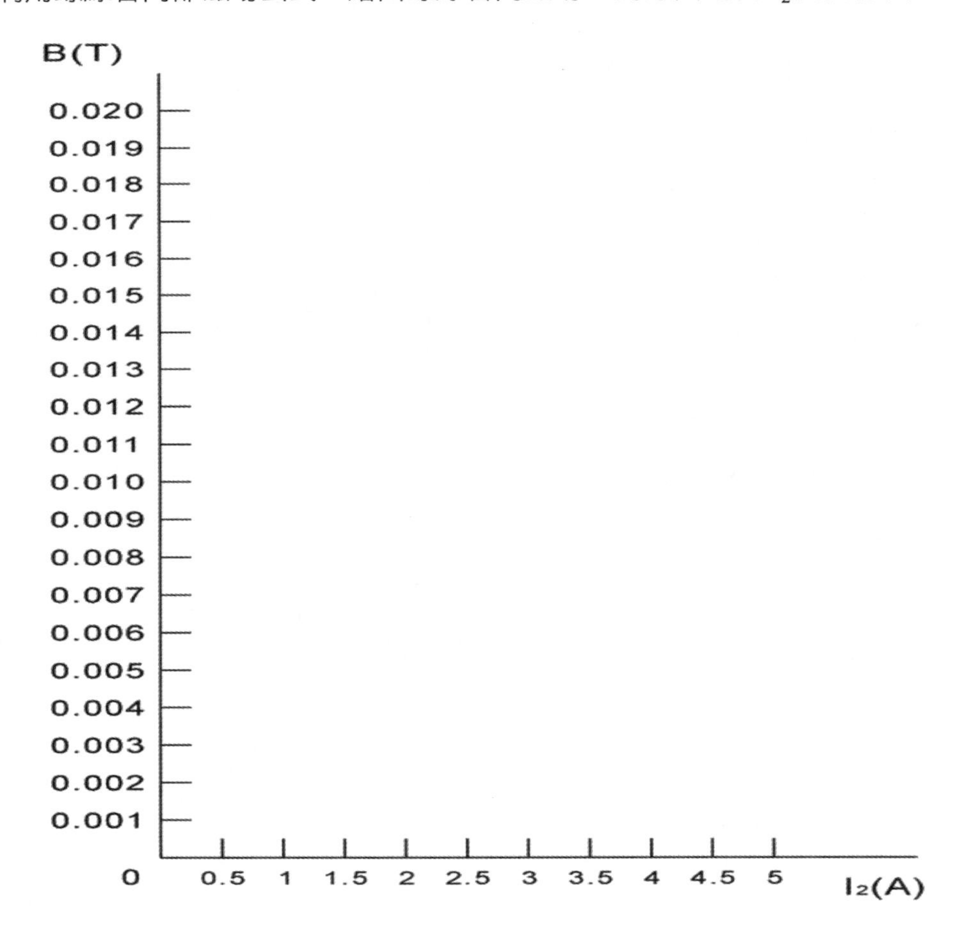

六、討論

1. 本實驗結果造成誤差的可能因素有哪些？

2. 實驗結果螺線管內磁場 B 對線圈電流 I_2 有何關係？

實驗 24

地磁測定實驗

一、目的

通電流於一線圈，線圈中心處將產生磁場，如放置指南針於該處即會偏轉，由電流的大小及偏轉的角度，可以計算出地球磁場的水平強度。

二、原理

設有一極短的一段導線 dl，載有電流 I，據實驗結果知距該段導線，處之 P 點 (見圖一) 的磁場 dB 與電流 I，導線長 dl 及 r 與 dl 夾角 θ 之正弦值成正比與距離平方成反比，即：

$$dB = \frac{\mu_0}{4\pi}\frac{Idl}{r^2}\sin\theta \qquad (1)$$

式中之 μ_0 稱為真空中的導磁係數 (Permeability of free space)，其值為 $4\pi\times10^{-7}$ N/A^2，此關係式稱為畢奧沙伐特定律 (Boit-Savart law)。如果 $\vec{e}_r$ 表 $\vec{r}$ 方向之單位向量，則上式之向量式可寫為：

$$d\vec{B} = \frac{\mu_0}{4\pi}\frac{Id\vec{l}\times\vec{e}_r}{r^2} = \frac{\mu_0 I}{4\pi}\frac{d\vec{l}\times r\vec{e}_r}{r^3} = \frac{\mu_0}{4\pi}\frac{d\vec{l}\times\vec{r}}{r^3} \qquad (2)$$

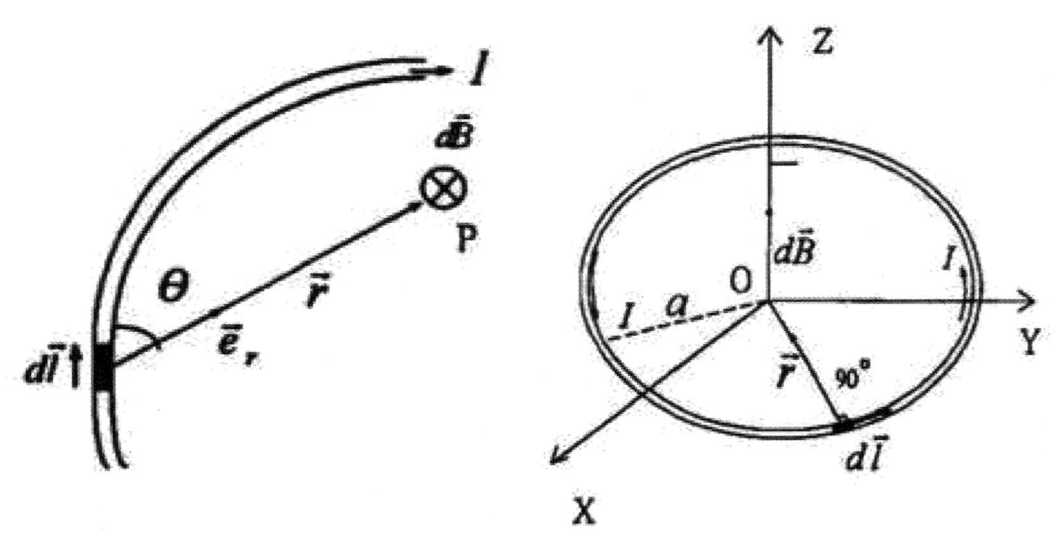

圖一　載流線圈之磁場

利用 (1) 或 (2) 式可求線圈中心之磁場下：

設有一半徑為 a，通有電流 I 的線圈，如圖一所示，欲求該線圈中心 O 點之磁場 B，可於線圈上取一極短的一段 dl 為基礎，因 $d\vec{l} \perp \vec{r}$，故依據畢奧沙伐特定律得知，該基素對 O 點產成的磁場為：

$$d\vec{B} = \frac{\mu_0}{4\pi}\frac{Idl\sin 90^o}{r^2} = \frac{\mu_0}{4\pi}\frac{Idl}{a^2}$$

由於不論此基素取在何處，該基素造成的磁場均是向上，故直接積分上式即可得全線圈對 O 點造成的磁場為：

線圈中心之磁場 $$B = \frac{\mu_0}{4\pi}\frac{I}{a^2}\oint dl = \frac{\mu_0}{4\pi}\frac{I}{a^2}(2\pi a) = \frac{\mu_0 I}{2a} \tag{3}$$

若線圈半徑為 a，共有 N 匝，則據 (3) 式，可求出線圈中心之磁場為：

$$B = \frac{\mu_0 NI}{2a} \tag{4}$$

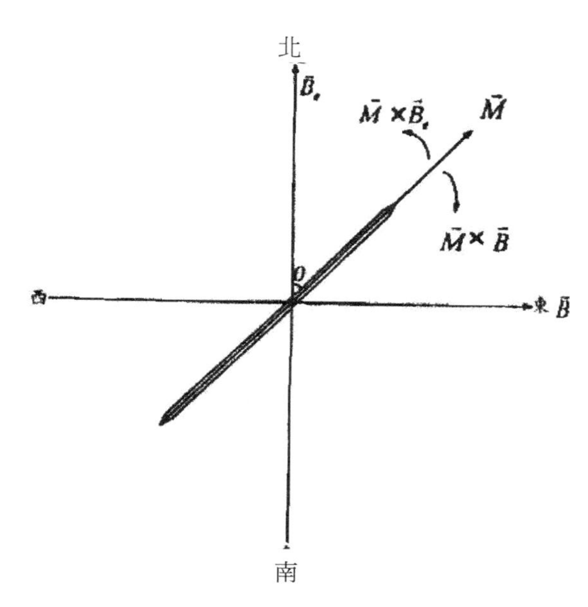

圖二　磁針所受力矩示意圖

假設圖二所示磁針的磁偶極矩為 $\vec{M}$ (方向乃磁針 N 極之指向)，線圈造成的磁場 $\vec{B}$ 之方向向東而地磁場的水平分量為 $\vec{B}_e$，且磁針北極與地磁場夾成 θ 角時，則磁針

受磁場 $\vec{B}$ 作用產生之力矩，據 $\vec{\tau}=\vec{M}\times\vec{B}$ 知，其大小為：

$$\tau = MB\sin(\frac{\pi}{2}-\theta) = MB\cos\theta \quad \text{順時針方向}$$

而磁針受地磁場作用之力矩則為：

$$\tau_e = MB_e\sin\theta \quad \text{逆時針方向}$$

當磁針靜止平衡時，上述兩力矩大小相等方向相反，故在垂直放置的圓型線圈 C 的中心，水平放置一磁針 M，由於磁針處在平衡狀態，故

$$\tau = MB\cos\theta = \tau_e = MB_e\sin\theta$$

$$\therefore \quad \tan\theta = \frac{B}{B_e}$$

於是

$$B_e = \frac{B}{\tan\theta} \tag{5}$$

而由 (4) 式可得到線圈磁場 B，代入式 (5) 便可求得地磁場的水平分量 B_e。

三、實驗儀器

A．器材：實驗線圈、毫安培計、換向器、可變電阻器、直流電源供應器一個、米尺一把。

B．使用方法：

(1) 實驗線圈：實驗線圈是由銅線在一金屬環溝中繞成 40 圈。線圈置於一鉛垂面上。線圈有三個接頭，分別為 0、15。40 圈。如欲使用 15 圈，則將接頭在 0 與 15 上。如欲使用 25 圈，則將接頭分別接在 15 與 40 上。

(2) 直流電源供應器：使用前請先檢查，所有旋扭，請先歸零，再將電源開關打開。使用後先把旋扭歸零，再把開關關掉。

四、實驗步驟

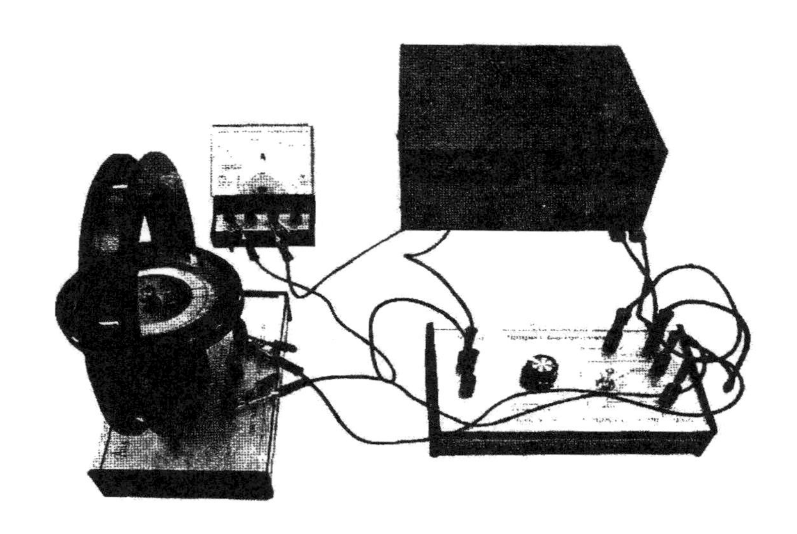

圖三　實驗儀器裝置圖

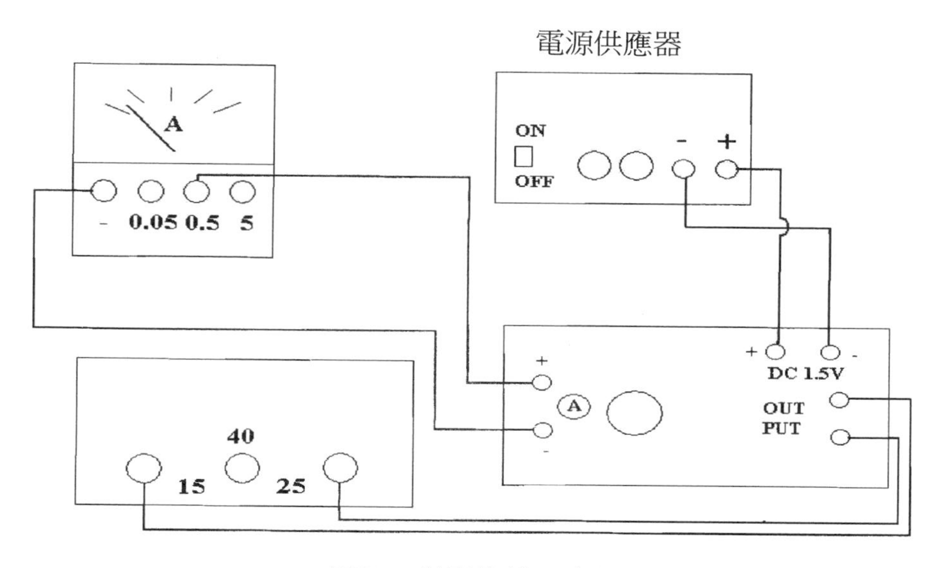

圖四　儀器接線示意圖

1．如上圖接線。

2．使實驗線圈與地磁子午面平行 (即線圈面之法線在東西方向)。

3．測量線圈平均半徑 R。

4．實驗線圈接於匝數為 15 圈處再接上換向器，調整可變電阻器，使毫安培計上所示的電流為一定值，並記錄其讀數 I。由方程式 (4) 計算 B。

5．測量並記錄磁針的偏轉角度 θ_1。

6．改變換向器之方向，再測量並記錄磁針的偏轉角度 θ_2。

7．求 θ_1 與 θ_2 之平均值 θ 後，代入式 (5) 中來計算 B_e。

8．改變電流大小重複 (4) 到 (7) 的步驟。

9．改變實驗線圈之線圈匝數，重覆以上步驟並將各結果記錄於表格(一)、(二)中。

10．θ 之範圍不宜太大或太小，以 15° 至 75° 之間較佳。

五、注意事項

使用可變電阻時最初要放在最大電阻處而後慢慢減少其電阻，以免電流過大燒損毫安培計，且此實驗需遠離載流導線或其它磁鐵。

六、附表

臺灣主要城市之地磁水平強度【單位：高斯 (G)】【註：1G = 10^{-4} T (特士拉)】

城市	基隆	台北	新竹	台中	台南	高雄	花蓮
B_e	0.3582	0.3584	0.3600	0.3613	0.3670	0.3665	0.3608

實驗24　地磁測定實驗

系　別：＿＿＿＿＿＿＿＿　學　號：＿＿＿＿＿＿＿＿
組　別：＿＿＿＿＿＿＿＿　日　期：＿＿＿＿＿＿＿＿
姓　名：＿＿＿＿＿＿＿＿　評　分：＿＿＿＿＿＿＿＿

(註　實驗完畢立即填妥本實驗數據，送請任課教師核閱簽章。)

七、記錄

線圈平均半徑 R=______(m)

表(一)　N (線圈圈數) =15

次數	安培計讀數 I (A)	$B=\dfrac{\mu_0 NI}{2R}$ (T)	θ_1 (deg)	θ_2 (deg)	θ (deg)	$\tan\theta$	地磁水平分量 B_e (T)
1							
2							
3							
4							
5							

地磁水平分量 B_e 平均值=

B_e 平均值百分誤差 =

表(二)　N (線圈圈數) =25

次數	安培計讀數 I (A)	$B=\dfrac{\mu_0 NI}{2R}$ (T)	θ_1 (deg)	θ_2 (deg)	θ (deg)	$\tan\theta$	地磁水平分量 B_e (T)
1							
2							
3							
4							
5							

地磁水平分量 B_e 平均值=

B_e 平均值百分誤差 =

八、討論

1. 本實驗結果造成誤差的可能因素有哪些？

2. 為何實驗步驟要要求磁針左右偏轉角度的平均值當成實際偏轉角度？

實驗 25

基礎太陽能特性實驗

一、目的

了解太陽電池構造與發電原理，並利用太陽電池將電磁波能量轉換成電能，進行相關能量轉換之應用。

二、原理

太陽電池是一種可以將電磁波能量轉換成電能的光電元件，其基本構造是運用 P 型與 N 型半導體接合而成的。半導體最基本的材料是「矽」，它是不導電的，但如果在半導體中摻入不同的雜質，就可以做成 P 型與 N 型半導體，再利用 P 型半導體有個空穴（P 型半導體少了一個帶負電荷的電子，可視為多了一個正電荷），與 N 型半導體多了一個自由電子的電位差來產生電流，所以當太陽光照射時，光能將矽原子中的電子激發出來，而產生電子和空穴的對流，這些電子和空穴均會受到內建電位的影響，分別被 N 型及 P 型半導體吸引，而聚集在兩端。此時外部如果用電極連接起來，形成一個迴路，這就是太陽電池發電的原理。

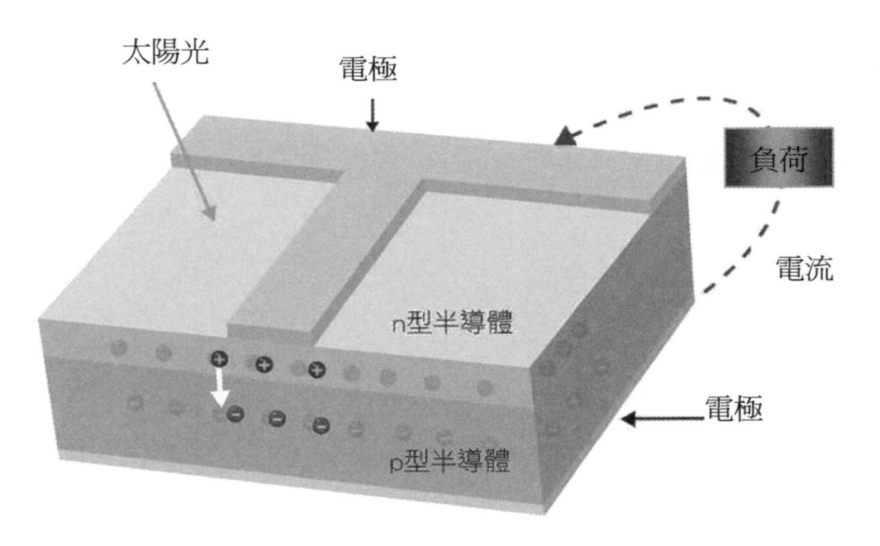

簡單的說，太陽電池的主體是一個二極體，其發電原理，是利用太陽電池吸收 0.4μm～1.1μm 波長（針對矽晶）的太陽光，將光能直接轉變成電能輸出的一種發電方式。

太陽電池按照製作材料分為矽基半導體電池、染料敏電池、有機材料電池等。對於太陽電池來說最重要的參數是轉換效率，目前在實驗室所研發的矽基太陽能電池中，單晶矽電池的最高轉換效率為 29%，多晶矽電池為 24%，非晶矽為 17%。實際量產時的轉換效率會較低。

太陽電池還有一些重要的參數，以下是一些專有名詞的基本原理解說：

(1) 短路電流 I_{SC}：當外接電路短路時，也就是負載電阻為零，太陽電池的輸出電流。

(2) 開路電壓 V_{OC}：當外接電路斷路時，也就是負載電阻為無限大，太陽電池的輸出電壓，又稱光生伏打電壓。

(3) 最大輸出功率 P_m：太陽電池輸出的最大功率，也就是 I×V 的最大值。

$$d\vec{B}=\frac{\mu_0}{4\pi}\frac{Idl\sin 90^o}{r^2}=\frac{\mu_0}{4\pi}\frac{Idl}{a^2}$$

$$\text{太陽能電池的轉換效率}\quad \eta=\frac{\text{太陽能板的最大輸出功率}}{\text{輸入太陽能板的光功率}}X100\%$$

太陽能板的輸出功率藉由測量照光下的電壓電流特性曲線，利用 $P=I\,x\,V$ 、$R=\frac{V}{I}$ 可換算得到功率 P 和電阻 R，繪圖後可由圖上找出太陽能電池的最大輸出功率 P_m。

至於輸入太陽能板的光功率，我們可以利用功率計來測量，本實驗使用的功率計測量單位是 W/m^2，因此功率計讀值需再乘上太陽能板面積才是輸入太陽能板的功率。

三、實驗儀器

項次	配件名稱	數量	項次	配件名稱	數量
1	實驗滑軌	1 台	2	光源 (50W 鹵燈可調光)	1 台
3	光功率計 (2000W/m^2)	1 台	4	太陽能板基座	1 座
5	太陽能板 (單晶)	1 片	6	透光片 (壓克力、玻璃、毛玻璃)	3 片
7	濾光片 (紅、色、藍)	3 片	8	特性曲線電路箱	1 個
9	能量轉換實驗盒	1 個	10	數位電錶	2 台
11	槍型導線 (45cm)	6 條	12	遮光片 (全黑不透明)	1 片
13	功率計固定座	1 座			

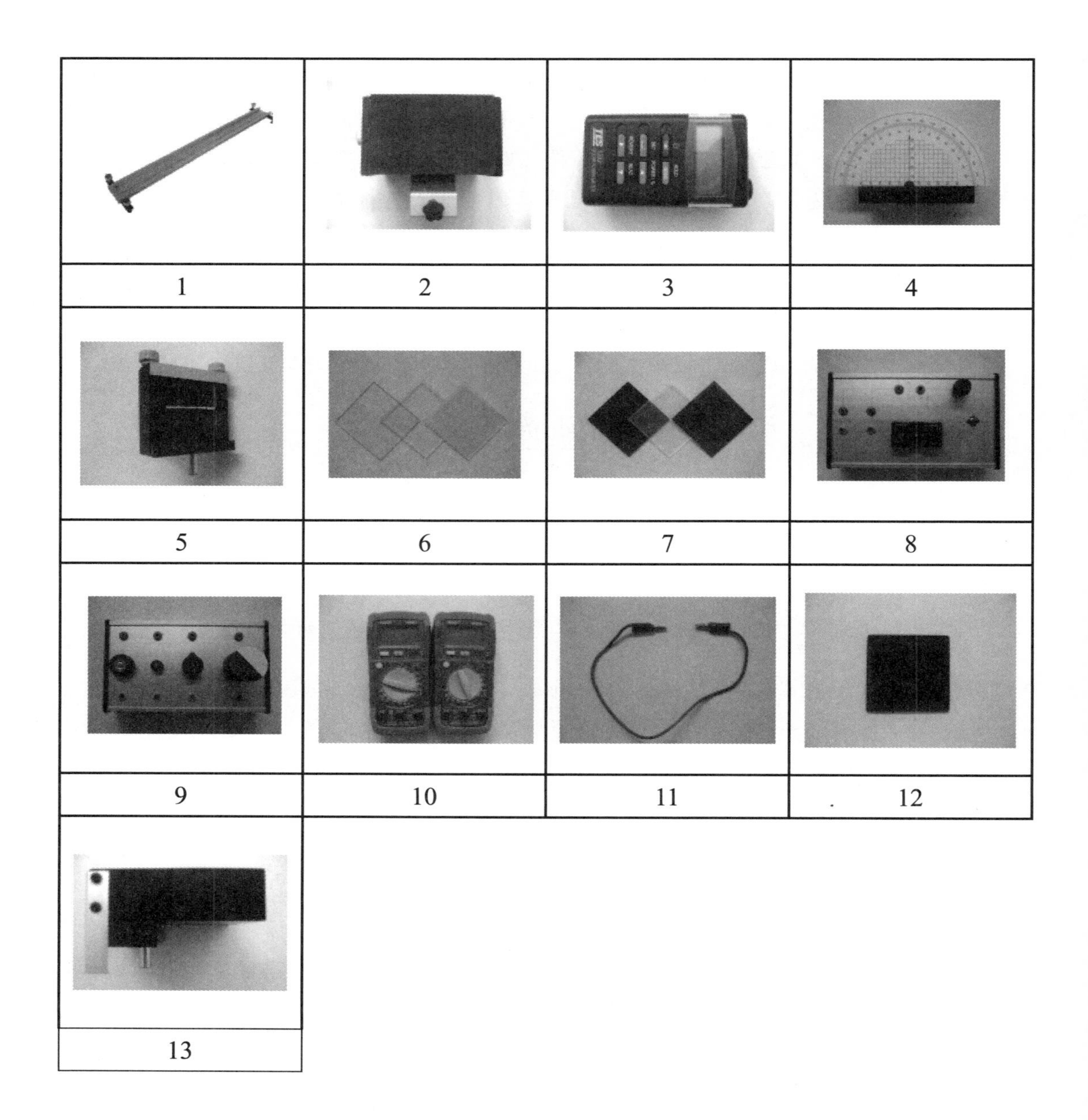

四、實驗步驟

(一) 太陽能板的二極體特性

1. 將遮光片 (全黑不透明) 置入太陽能板前溝槽，使太陽能板完全不照光。

2. 連接太陽能板、數位電錶 1 (量電壓)、數位電錶 2 (量電流)，與特性曲線箱的線路。

3．將電池裝上特性曲線箱。

4．將特性曲線箱上右邊的線路開關調至測量不照光特性曲線用 (二極體特性曲線)。

5． 調整可變電阻，在沒有光源的照射下，記錄太陽能板的電流、電壓。

6．將實驗數據畫成圖 (可利用 Excel 等相關軟體繪圖)。

(二) 太陽能板的短路電流 I_{SC} 與開路電壓 V_{OC}

1． 將太陽能板、光源裝置於軌道上，間距約 5cm，打開燈光強度到最大，使太陽能板垂直照光。

2．連接太陽能板與數位電錶。

3．將數位電錶檔位調到測量電壓，測量太陽能板的開路電壓 V_{OC}。

4．將數位電錶檔位調到測量電流，測量太陽能板的短路電流 I_{SC} 。

5．重複步驟 2～4，逐次增加光源和太陽能板間距 5cm，完成實驗表格。

※數位電錶調整檔位時，應由大檔位開始，再往小檔位調整到適當檔位，以免燒壞電錶。

(三) 太陽能板的照光特性

1． 將太陽能板、光源裝置於軌道上，間距約 20cm，打開燈光強度到最大，使太陽能板垂直照光。

2．連接太陽能板、數位電錶 1 (量電壓)、數位電錶 2 (量電流)，與特性曲線箱的線路。

3．將特性曲線箱上的開關調至測量照光特性曲線用。

4．調整可變電阻，在光源的照射下，記錄太陽能板的電流、電壓。

5．不要更動實驗設置，先跳到下一個實驗「轉換效率」。

6．將實驗數據畫成圖 (可利用 Excel 等相關軟體繪圖)。

(四) 太陽能板的能量轉換效率 η

1． 接續上一個部分的實驗，不要改變太陽能板基座與光源的位置。

2．檢查功率計電池與電源是否正常，將功率計裝置在功率計固定座上。

3．取下太陽能板基座上的太陽能板，換上功率計 (含座) 整體。功率計上端白色圓形為光偵測面，偵測面朝向光源，裝置正確時，功率計 (含座) 應不移動不轉動，且光偵測面正好在光軸上。

4．打開功率計，等待開機完成並記錄數據。測量太陽能板有效受光面積並記錄。

5．將照光特性的實驗數據轉換為功率 P 和電阻 R，找出太陽能電池的最大輸出功

率 P_m。

(五) 不同的光源功率，光照特性曲線的結果

1．將太陽能板基座、光源裝置於軌道上，間距約 10cm。

2．將功率計裝上太陽能板基座，調整光強度使功率計讀值為 $600W/m^2$。

3．換上太陽能板，使太陽能板垂直照光。

4．連接太陽能板、數位電錶 1 (量電壓)、數位電錶 2 (量電流)，與特性曲線箱的線路。

5．將特性曲線箱上的開關調至測量照光特性曲線用。

6．調整可變電阻，在光源的照射下，記錄太陽能板的電流、電壓。

7．重複步驟 2～6，逐次改變光源強度使功率計讀值減少 $100W/m^2$，完成實驗表格。

8．將實驗數據畫成圖 (可利用 Excel 等相關軟體繪圖)。

(六) 不同的光源遠近，光照特性曲線的結果

1．將太陽能板 (含座)、光源裝置於軌道上，間距約 5cm，打開燈光強度到最大，使太陽能板垂直照光。

2．連接太陽能板、數位電錶 1 (量電壓)、數位電錶 2 (量電流)，與特性曲線箱的線路。

3．將特性曲線箱上的開關調至測量照光特性曲線用。

4．調整可變電阻，在光源的照射下，記錄太陽能板的電流、電壓。

5．重複步驟 2～4，逐次增加光源和太陽能板間距 5cm，完成實驗表格。

6．將實驗數據畫成圖 (可利用 Excel 等相關軟體繪圖)。

(七) 不同的光源受光角度，光照特性曲線的結果

1．將太陽能板 (含座)、光源裝置於軌道上，間距約 20cm，打開燈光強度到最大，使太陽能板垂直照光。

2．連接太陽能板、數位電錶 1 (量電壓)、數位電錶 2 (量電流)，與特性曲線箱的線路。

3．將特性曲線箱上的開關調至測量照光特性曲線用。

4．調整可變電阻，在光源的照射下，記錄太陽能板的電流、電壓。

5．重複步驟 2～4，逐次增加光線入射角度 20 度。

6．將實驗數據畫成圖 (可利用 Excel 等相關軟體繪圖)。

(八) 不同材質對光源遮光後，光照特性曲線的結果

1．將太陽能板 (含座)、光源裝置於軌道上，間距約 10cm，打開燈光強度到最大，使

太陽能板垂直照光。

2．連接太陽能板、數位電錶 1 (量電壓)、數位電錶 2 (量電流)，與特性曲線箱的線路。

3．將特性曲線箱上的開關調至測量照光特性曲線用。

4．分別將三種透光片 (玻璃、壓克力、毛玻璃) 置入太陽能板前溝槽。

5．調整可變電阻，在光源的照射下，記錄太陽能板的電流、電壓。

6．將實驗數據畫成圖 (可利用 Excel 等相關軟體繪圖)。

(九) 測量光源經過濾光後，光照特性曲線的結果

1．將太陽能板基座 (含座) 光源裝置於軌道上，間距約 10cm，打開燈光強度到最大，使太陽能板垂直照光。

2．連接太陽能板、數位電錶 1 (量電壓)、數位電錶 2 (量電流)，與特性曲線箱的線路。

3．將特性曲線箱上的開關調至測量照光特性曲線用。

4．分別將三種濾光片 (紅、黃、藍) 置入太陽能板前溝槽。

5．調整可變電阻，在光源的照射下，記錄太陽能板的電流、電壓。

6．將實驗數據畫成圖 (可利用 Excel 等相關軟體繪圖)。

(十) 觀察太陽能板照光發電，驅動馬達、蜂鳴器、LED

1．將太陽能板 (含座)、 光源裝置於軌道上，間距約 5cm，先不要打開光源。

2．以槍型導線連接太陽能板與能量轉換實驗盒上的馬達。

3．打開光源，調整光源大小、太陽能板受光角度、光源間距，觀察元件工作情形。

4．重複步驟 2～3，將連接的元件逐次換成蜂鳴器與 LED。

(十一) 觀察電力銀行充電、放電，驅動馬達、蜂鳴器、LED 的能量轉換應用

1．將太陽能板 (含座)、 光源裝置於軌道上，間距約 5cm，先不要打開光源。

2．以槍型導線連接太陽能板與能量轉換實驗盒上的超級電容，並在迴路中串連電錶 (量電容的電流)，並聯一個電錶 (量電容的電壓)。

3．打開光源強度到最大，觀察電容充電情形。

4．將連接在太陽能板上的正負極拔下，接在馬達上，觀察電容放電驅動元件的情形。

5．重複電容充電、放電過程，觀察驅動馬達、蜂鳴器、LED 的能量轉換應用。

實驗25　基礎太陽能特性實驗

系　別：________________　學　號：________________

組　別：________________　日　期：________________

姓　名：________________　評　分：________________

(註　實驗完畢立即填妥本實驗數據，送請任課教師核閱簽章。)

五、記錄

◎ 太陽能板的二極體特性

I (mA)									
V (V)									

I (mA)									
V (V)									

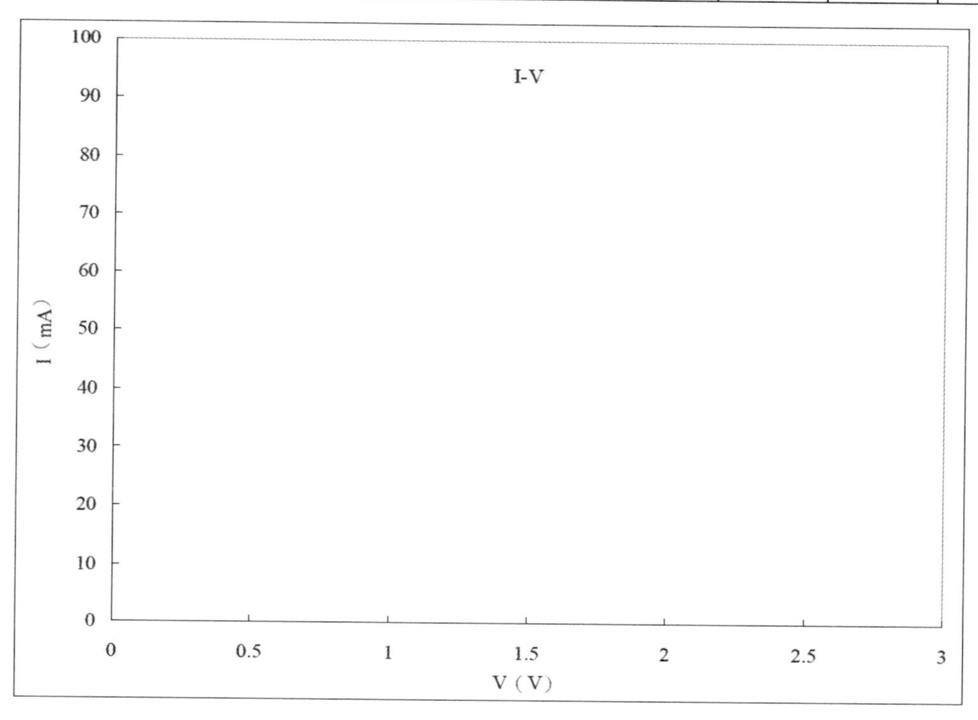

◎ 太陽能板的短路電流 *I sc* 與開路電壓 *Voc*

光源間距	5cm	10cm	15cm	20cm	25cm	30cm	35cm	40cm
短路電流 *I sc*								
開路電壓 *Voc*								

◎ 太陽能板的照光特性

I (mA)									
V (V)									

I (mA)									
V (V)									

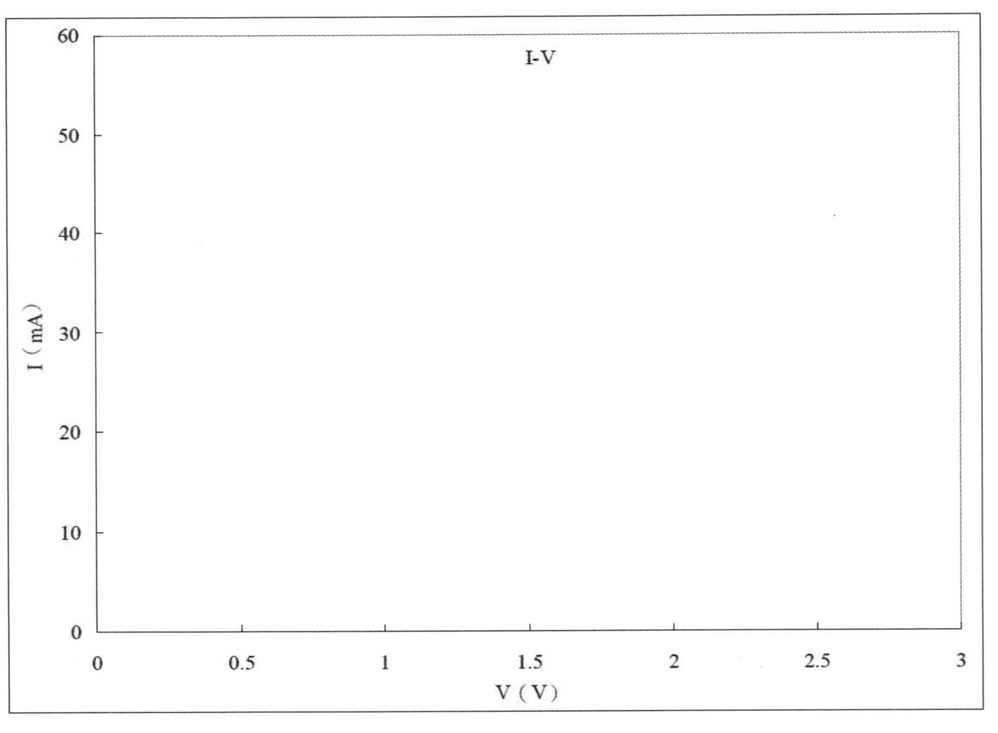

◎ 太陽能板的能量轉換效率 η

功率計測量 $P_{meansure}$ =____________ W/m^2；太陽板有效受光面積 A=____________ W/m^2；

輸入太陽板的光功率為 $P_{meansure} \times A$=____________ W=____________ mW。

P(mA)									
R(Ω)									

P(mA)									
R(Ω)									

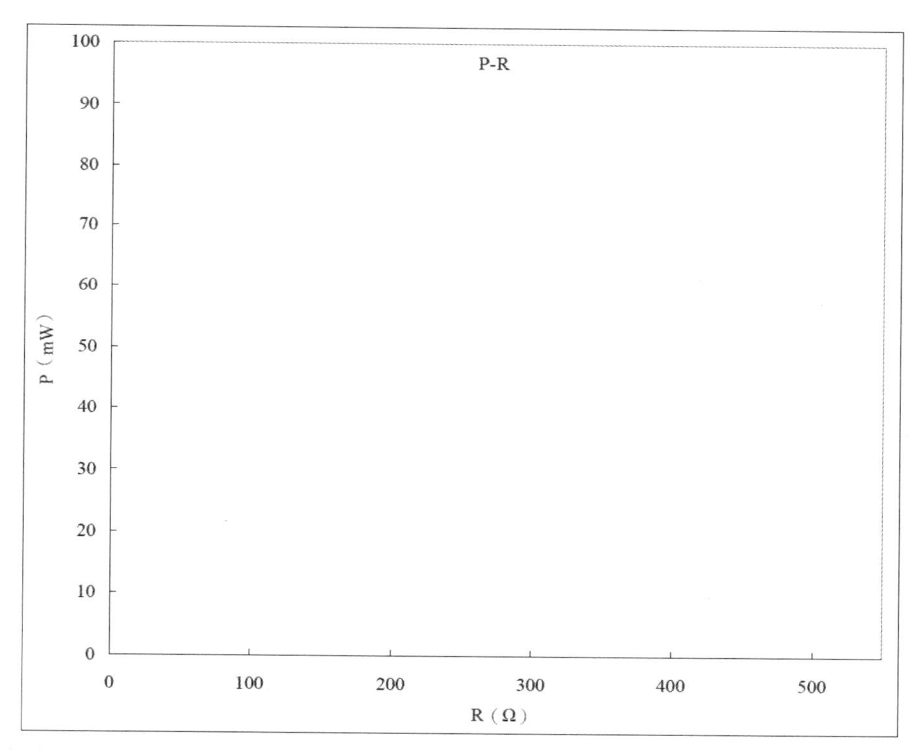

由圖找出太陽能電池的最大輸出功率 P_m =____________ mW；

轉換效率 η $= \dfrac{P_m}{P_{meansure} \times A} \times 100\%$ = ______ %

◎ 不同的光源功率，光照特性曲線的結果

600 W/m^2	I (mA)										
	V (V)										

500 W/m^2	I (mA)										
	V (V)										

400 W/m^2	I (mA)										
	V (V)										

300 W/m^2	I (mA)										
	V (V)										

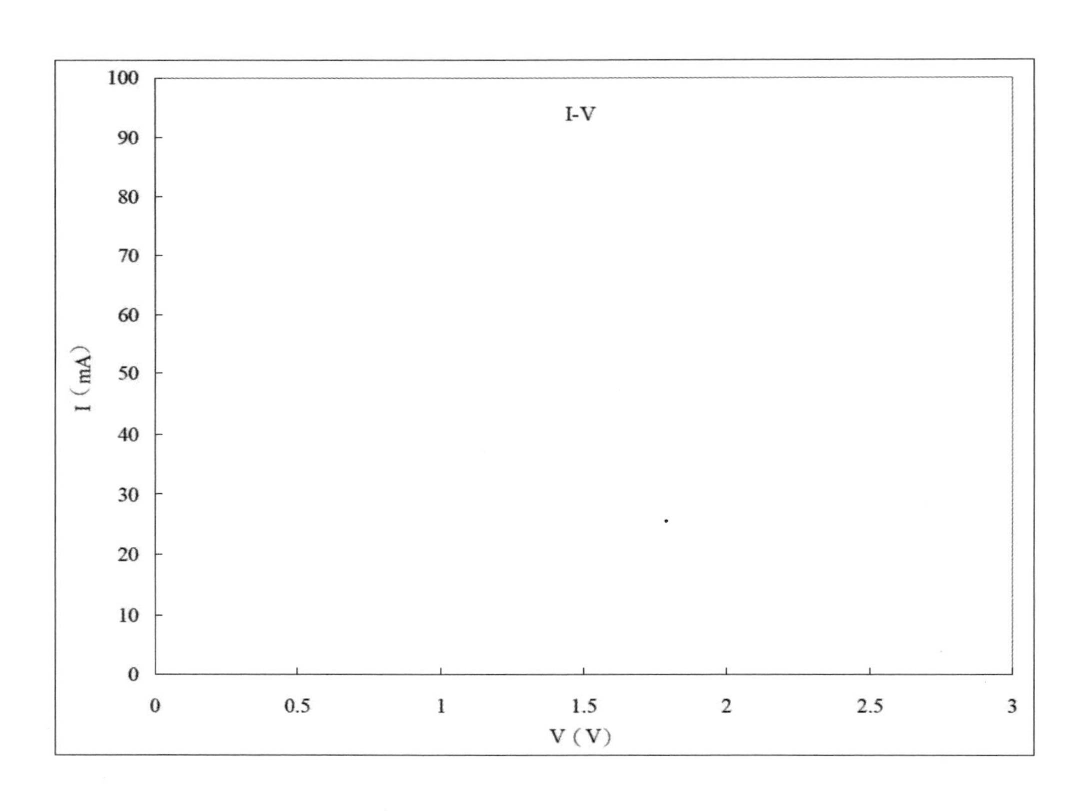

◎ 不同的光源遠近，光照特性曲線的結果

5cm	I (mA)										
	V (V)										

10cm	I (mA)										
	V (V)										

15cm	I (mA)										
	V (V)										

20cm	I (mA)										
	V (V)										

25cm	I (mA)										
	V (V)										

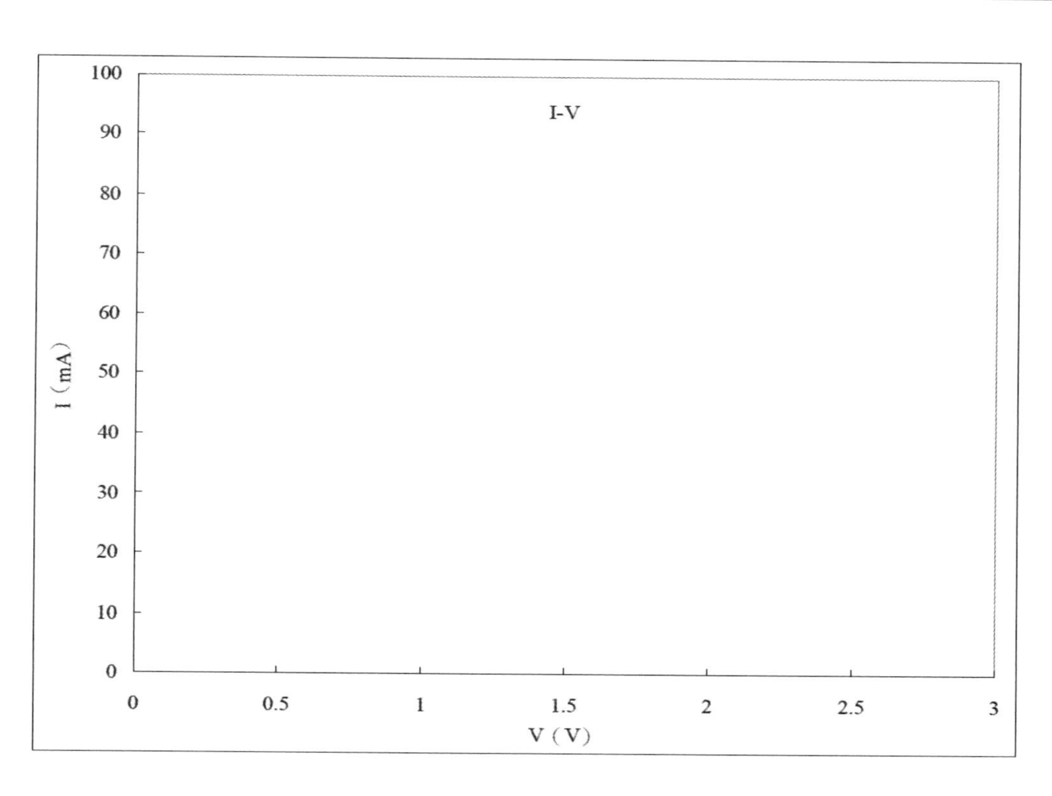

六、討論

1. 太陽能板的二極體特性實驗中，在沒有光的照射下，其順向電流對電壓的關係可以寫成 $I = I_0(e^{\beta V} - 1)$，式中 I_0 與 β 為常數， I 、V 分別是電流與電壓，試著藉由實驗測得電壓電流的結果，找出常數 I_0 與 β 分別是多少？

   提示：將 $I = I_0(e^{\beta V} - 1)$ 左右兩邊取對數，利用

   $$\ln(ab) = \ln(a) + \ln(b); \quad \ln(c) - \ln(d) = \ln(\frac{c}{d}); \quad \ln(e^k) = k$$

   推導後可得 $\ln(I)$ 與 V 的線性函數關係式，若將 V 當做 x 軸 $\ln(I)$ 當做 y 軸作圖，β 值正好是斜率，而 I_0 是與 y 軸的截距。

2. 隨著光源間距增加，短路電流 I_{sc} 、開路電壓 V_{oc} 如何變化？是否有規律可循？開路電壓和短路電流之間可以找出什麼規律？

3. 由轉換效率實驗結果，找出太陽能板最大輸出功率時的負載電阻是多少？

4. 在太陽能電池中，充填因子 FF 是一個用於評估太陽電池品質的重要參數，試著算出本太陽電池充填因子 FF 的範圍。

   $FF = \frac{P_m}{I_{sc}\ x\ V_{oc}}$，$P_m$ 是太陽能板最大輸出功率，I_{sc} 是短路電流，V_{oc} 是開路電壓。

實驗 26

電子荷質比實驗

一、目的

1．三維空間內觀察磁場對運動電子產生的磁場作用力與電子運動的軌跡。
2．測定電子的電荷與質量比。

二、原理

洛侖茲管又稱威爾尼特電子管，該管是一個直徑為 160mm 的大玻璃泡。泡內抽真空後，充入一定壓強的混合惰性氣體，還有一對偏轉板。當電子槍各電極加入適當工作電壓後，便發射出一束電子束。具有一定能量的電子與惰性氣體分子碰撞，使惰性氣體發光，就能在電子所經過的路徑上看到光跡。

亥姆霍茲線圈是一對直徑為 280mm，每個環形線圈為 140 匝，同軸平行放置，間距為 140mm，兩個線圈串聯連接。當線圈通上電流後，在兩個線圈中心連線中點附近區域，經由數學處理或實驗可發現為一近似均勻磁場，該處的磁場強度可按下式計算(參考實驗 21)：

$$B \approx 0.716\frac{\mu_0 NI}{R} \approx \frac{9.0\times10^{-7}(NI)}{R} = 9.0\times10^{-4} I \quad (T) \qquad (1)$$

(1) 式中，所得磁場之單位為 T(特士拉)，I 為電流，單位為 A(安培)。

儀器控制及電源組合機箱上，固定一對亥姆霍茲線圈 L_1、L_2。在亥姆霍茲線圈正中，裝上電子束管 V1。電子束管各電極加入適當電壓後，便發射出一束電子束，可看到電子束運動的直線光跡。這時如接通亥姆霍茲線圈電源，電子束在線圈產生的均勻磁場中受到磁場作用，其所受磁力向量表示式為：

$$\vec{F} = e\vec{v} \times \vec{B} \qquad (2)$$

式中 $\vec{F}$ 為電子所受之磁力，e 為電子電荷，$\vec{v}$ 為電子之運動速度，為 $\vec{B}$ 則為磁場。磁力的方向由左手定則定之，大小為：

$$F = evB\sin\alpha \qquad (3)$$

其中 α 為電子運動方向與磁場方向之間的夾角。

轉動電子束管，當電子運動方向與磁場方向一致或相反時，電子不受磁場作用力作用，電子束軌跡為直線。當電子運動方向與磁場方向垂直時，這時電子受到一個始終垂直於運動方向的磁場作用力的作用。由於電子運動速度 v 是恆定的，均勻磁場中

B 也是恆定的，於是磁力也是恆定的。這個恆定的磁力由於與電子運動方向垂直，因此提供了電子作圓周運動之向心力，於是電子運動成為均勻速度的圓周運動，其軌跡為圓形。亥姆霍茲電流越大，磁場強度越大，磁場作用力越大，圓的直徑越小。當電子運動方向與磁場方向為任意角度時，可將電子運動方向分解為平行磁場和垂百於磁場兩個分量。平行於磁場分量的電子運動力向不受磁場作用力的作用，仍作直線運動，垂直於磁場分量的電子運動方向受到磁力的作用，作圓周運動，因此電子運動的合成軌跡會呈螺旋線。

電子作均勻等速圓周運動時，向心力為 $m\frac{v^2}{r}$ ，此力就是電子在均勻磁場中所受到的磁力，於是：

$$m\frac{v^2}{r}=evB \qquad (4)$$

式中 r 為電子運動軌跡的半徑，m 為電子質量。

由式 (4) 可推導出電子的荷質比 (e/m) 為：

$$\frac{e}{m}=\frac{v}{Br} \qquad (5)$$

電子在加速電極電場中得到的動能等於電場對它所作的功，即：

$$K=\tfrac{1}{2}mv^2=eV_a \qquad (6)$$

式中 V_a 為加速電極電壓。

從 (6) 式中可以求出電子運動的速度為：

$$v=\sqrt{\frac{2eV_a}{m}} \qquad (7)$$

將式 (1)、(7) 代入 (5) 式，可得到電子荷質比為：

$$\frac{e}{m}=\frac{2.47\times10^6 V_a}{R^2I^2} \quad (C/kg) \qquad (8)$$

根據上式，於是可以根據加速電極電壓 V_a，亥姆霍茲線圈電流 I 及電子軌跡半徑 r，便可計算出電子的荷質比。

三、實驗儀器

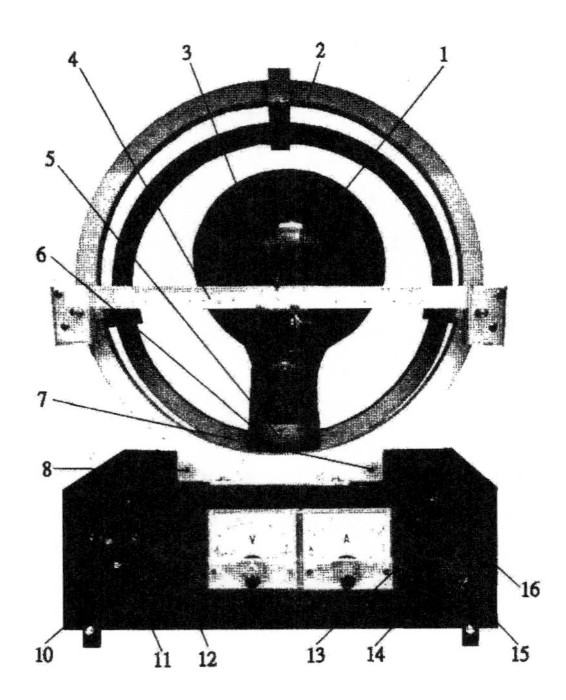

1．電子束管：發射電子束並顯示電子束軌跡。

2．亥姆霍茲線圈：提供均勻磁場，使電子束產生偏轉。

3．游標：用來對準電子束圓的邊緣，以測出電子束圓形軌跡直徑。

4．標尺：測量電子束圓形軌跡直徑用。

5．指針：讀出電子束管移動的角度。

6．度數尺：指示電子束管轉動的角度。

7．逆時信號燈：亥姆霍茲線圈中電流逆時針流向指示。

8．順時信號燈：亥姆霍茲線圈中電流順時針流向指示。

9．暗箱：起遮光作用，以增強觀察效果。

10．偏轉板電壓調節旋鈕：調節加到偏轉板上的電壓大小，順時針轉到底電壓為 250 伏特，逆時針轉到底時電壓為 50 伏特，有參考刻度。

11．偏轉板電魘方向開關：分「上正」、「斷路」、「下正」三檔。置「上正」時，電子束管內上偏轉板接進正電壓，下偏轉板接地。置「下正」時，管內下偏轉板均無電壓接入。觀察電子束在磁場作用力作用下的運動軌跡時，應將其置「斷路」位置。

12．加速電極電壓調節旋鈕：調節電子束管內加速電極上電壓的大小。在儀器開關、關機前及暫不觀察電子束徑跡時，都應將此旋鈕逆時針轉到底。

13．亥姆霍茲電流方向開關：控制通向亥姆霍茲線圈電流的方向，分「順時」、「斷路」、「逆時」三檔，置「順時」時，線圈上順時指向信號燈發光，亥姆霍茲圈中電流為順時針方向，產生的磁場方向朝機內。置「逆時」時，線圈上逆時指向信號燈發光，亥姆霍茲線圈中電流為逆時針方向，產生的磁場方向朝外。置「斷路」時，線圈上信號燈全部熄滅，亥姆霍茲線圈中沒有電流。轉換亥姆霍茲電流方向前應將亥姆霍茲電流調節旋鈕轉至最小值位置，以防止轉換時產生強電弧燒損開關觸點。當觀察電子束在電場作用力下的偏轉運動時，應將此開關置「斷路」位置。

14．亥姆霍茲電流調節旋鈕：調節亥姆霍茲線圈中電流大小，順時針轉到底電流最大，約 2.5 A。逆時針轉到底時電流最小，約 0.5 A。

15．電源開關：儀器電源開關。

16．電源指示燈：指示儀器是否導通。

四、實驗步驟

(一) 準備工作

1．先打開儀器前箱蓋，如果是新到貨的儀器，請將亥姆霍茲線圈中間的包裝紙箱取下，小心地將電子束管拿出，並插入儀器亥姆霍茲線圈間的管座上，注意要用手握住管座對准插座。將管子插緊，切記不要握住玻璃泡用力，以免管座鬆動。電子束管插好後將儀器座上一只滾花螺釘轉鬆，檢查轉動是否靈活。檢查時用手轉動管座，不能轉動玻璃泡。

2．檢查儀器控制旋鈕位置，應按下述要求放置：

加速電極電壓	逆時針轉到零
亥姆霍茲電流方向	斷路
亥姆霍茲電流調節	逆時針轉到最小值
偏轉板電壓方向	斷路
偏轉板電壓調節	逆時針轉到 50V

3．將儀器後蓋板上電源線鬆開，接上電源。檢查一下亥姆霍茲電流接線性處跨接銅片是否接好。打開電源開關，面板上指示燈即亮，電子束管中燈絲也發光，預熱五分鐘，即可以正常使用。

(二) 電子荷質比 e/m 的測量

1．儀器接好線路後，按準備工作的要求進行預熱。

2．順時針轉動加速電極電壓旋鈕，使加速電極電壓調到 140 伏特。將亥姆霍茲電流方向開關扳到「順時」位置，順時針轉動亥姆霍茲電流調節旋鈕，並轉動電子束管使角度指示為 0°，此時電子束軌跡成為近似一個圓形。

3．架上標尺，並將標尺調到能方便讀測電子軌跡直徑的高度，用游標上 V 形槽瞄準圓的兩個邊線，讀測出圓直徑。並讀出此時電表指示的亥姆霍茲電流值及加速電極電壓值，將以上數據代入公式 (8)，即可計算出電子的荷質比。

4．為了提高測試的準確性，應當在不同加速電極電壓及不同亥姆霍茲電流值，測出多組數值進行計算，再取平均值。

5．欲使荷質比測量數據準確，關鍵是電子軌跡半徑應量準。圓的直徑應調到 4 公分到 9 公分之間較為合適。

6．測試完畢後，將加速電極電壓旋鈕逆時針轉到零，亥姆霍茲電流調節旋鈕逆時針轉到 0.5 安培，然後關掉電源開關，拆去外接電表，將儀器恢復到原來狀態。

五、注意事項

1．電子束管的壽命較短，為延長電子束管的使用壽命，儀器使用前，先檢查加速電極電壓旋鈕是否逆時針轉到零。過熱 5 分鐘後，再順時針轉動加速電極電壓旋鈕，一般加上 100 伏特到 200 伏特之間加速電極電壓即可。儀器暫時不觀察時，應將加速電極電壓旋鈕轉到零，待需要觀察時再加上加速電極電壓。儀器使用結束時先將加速電壓旋鈕轉到零，再關電源開關。儀器連續工作時間不要超過 1 小時。

2．實驗時需要轉換亥姆霍茲電流方向時，一定要先將亥姆霍茲電流調節旋鈕轉到最小電流值位置後再進行，防止大電流轉換時電弧過大而燒損轉換開關。

3．轉動電子束管時，應推動管座上的滾花螺釘或轉動管子膠木管座部，決不要轉動管子玻璃泡，以免損壞管子。當轉動角度指示超過 180° 或 0° 時，不要再繼續轉動，以防內部止轉裝置損換。

4．觀察磁場作用力現象時，一定要將偏轉板電壓調節旋鈕逆時針轉到最小，偏轉板電壓方向開關扳到「斷路」位置。觀察電場作用力時，一定要將偏轉板電壓幅值旋鈕轉到最小值，亥姆霍茲電流方向開關扳到「斷路」位置。

5．由於穩壓電流輸出電流較小，實驗時調節亥姆霍茲電流調節旋鈕不宜超過 2 安培。如超過 2 安培，穩壓電源工作將不正常，電子束管電子束軌跡就會發生晃動。

6．儀器使用時，如發生保險絲熔斷，應分析與檢查儀器是否發生了故障，找出原因後再更換保險絲。電源保險絲 F2 (0.75A)，亥姆霍茲電流保險絲 Fl (2.5A) 裝在儀器後蓋板保險絲盒內。

7．儀器運輸，存放時，一定注意不能將儀器倒置。將電子束管座上的滾花螺釘旋入上蓋罩上裝螺母中，蓋好暗箱蓋板。搬動時要防止碰撞。儀器應存放在陰涼、乾燥、通風的地方，存放滿三個月時，必須開機一次，開機時間為 1 小時，開機時不加加速電極電壓，亥姆霍茲線電流開關「順時」，亥姆霍茲電流調節旋鈕調到 1 安培位置。

實驗26 電子荷質比實驗

系 別：＿＿＿＿＿＿＿＿ 學 號：＿＿＿＿＿＿＿＿

組 別：＿＿＿＿＿＿＿＿ 日 期：＿＿＿＿＿＿＿＿

姓 名：＿＿＿＿＿＿＿＿ 評 分：＿＿＿＿＿＿＿＿

(註 實驗完畢立即填妥本實驗數據，送請任課教師核閱簽章。)

六、記錄

電子荷質比e/m理論值 $= \dfrac{1.6\times10^{-19}C}{9.1\times10^{-31}kg} = 1.76\times10^{11}$ (C/kg)

電子荷質比e/m實驗值 $= \dfrac{2.47\times10^{6}V_a}{R^2I^2}$ (C/kg)

(一)

次數	加速電極電壓 V_a (V)	亥姆霍茲線圈電流 I (A)	電子軌跡半徑 r (m)	電子荷質比 e/m (C/kg)
1				
2				
3				
4				
5				
			平均	

電子荷質比百分誤差 = ＿＿＿%

(二)

次數	加速電極電壓 V_a (V)	亥姆霍茲線圈電流 I (A)	電子軌跡半徑 r (m)	電子荷質比 e/m (C/kg)
1				
2				
3				
4				
5				
			平均	

電子荷質比百分誤差 = ＿＿＿%

七、討論

1. 本實驗結果造成誤差的可能因素哪些？

2. 加速電極電壓增大時，電子束的半徑變大或變小？亥姆霍茲線圈電流增大時，電子束的半徑又會如何改變？

3. 如何求出本實驗中電子束的速度？

實驗 27

光電效應實驗

一、目的

觀察光電效應並測量各種不同入射光的截止電壓，進而求得蒲朗克常數 h。

二、原理

一個能量大於金屬表面束縛能的光子，才有機會從金屬表面打出電子，而形成光電流，這是古典電磁理論所無法解釋的頻率為 f 之光子具有 hf 之能量，h 為蒲朗克常數。當打擊金屬表面時，而要將電子打出其表面，則首先必需克服金屬表面拉住電子之束縛能，然後電子方能脫離金屬表面。而多餘的能量即為該電子之動能，因此這些電子脫離金屬表面形成電流。如果此時在光電管的兩極間加一反向電壓，而該反向電壓使該電子之反向位能大於該電子之動能時，則無光電流通過，此時所加之反向電壓 V_0 稱為截止電壓。實驗結果顯示，光子的能量 eV，具有如下的關係：

$$eV_0 = hf - \Phi \quad (1)$$

其中 e 為電子所帶的電量，V_0 為截止電壓，h 為普朗克常數，f 為入射光之頻率 ($f=\dfrac{c}{\lambda}$，c 為真空中之光速，λ 為入射光之波長)，Φ 為束縛能，Φ 隨不同金屬而不同。本實驗利用測量各種不同入射光的截止電壓，進而由式 (1) 求得蒲郎克常數 h。

三、實驗儀器

一體式組合裝置，光電管及光源均安裝於機內，使用電源 AC110V、60Hz。伏特計 0～3V，最小刻度 0.1V、檢流計 0～100 μA，最小刻度 2 μA，均裝於機身面板上。電流增幅器，滑動電阻器等均裝於機身內部，並由機身內直接產生所需之直流電源、濾光色片 6 片。

四、實驗步驟

1．打開開關前先將 (a) 歸零調整 (b) 光量調整 (c) 電壓調整，三個開關向左旋轉到底。

2．將「內部－外接」電流計開關，向上撥至「內部電流計」以便從機面之 μA 表觀察光電流，而無須在機面上另接 μA 安培計。

3．調整「光量調整」鈕，選擇一適當光源，本機光源分別有四段選擇。

4．打開「電壓調整」鈕，此時勿動歸零調整及光量調整，因光電管接受入射光而使 μA 表開始運作。

5．將「電壓調整」鈕向右微微旋轉，此時光電管接受之反向電壓逐漸增加而使光電流逐漸減弱。

6．當 μA 表指示在最接近零時，即勿再繼續旋轉，此時伏特計上之讀值即為截止電壓並記錄於表格中。

7．關掉「電壓調整」鈕，陸續插入待測之濾光片，重覆步驟 5～7，以求取截止電壓。

8．以通過濾色片的各色光頻率 f (光速除以波長) 為橫座標，相對之截止電壓 V_o 為縱座標作圖，其斜率就是蒲郎克常數 h 之值。

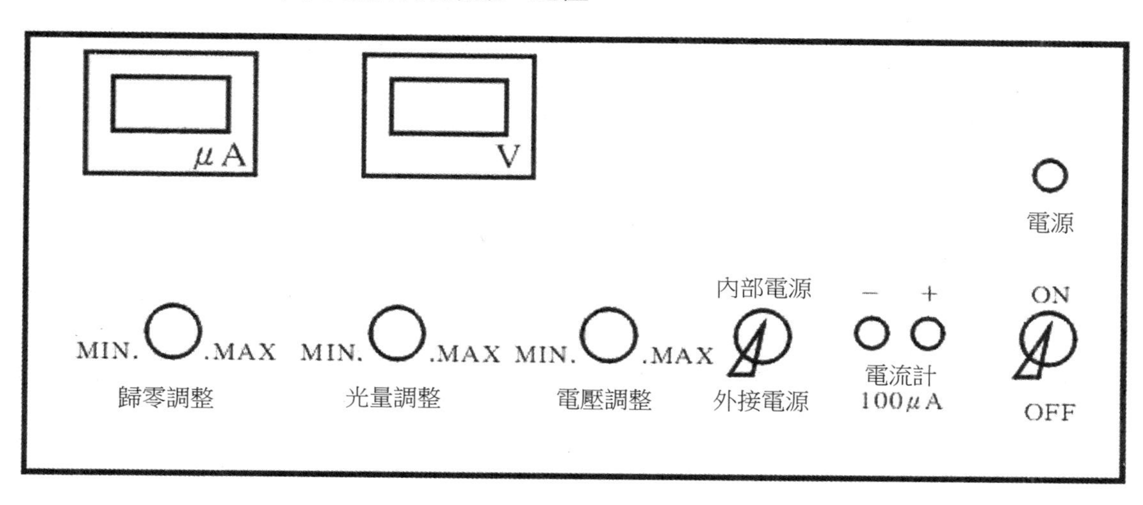

儀器面板圖

實驗27　光電效應實驗

系　別：＿＿＿＿＿＿＿＿　學　號：＿＿＿＿＿＿＿＿
組　別：＿＿＿＿＿＿＿＿　日　期：＿＿＿＿＿＿＿＿
姓　名：＿＿＿＿＿＿＿＿　評　分：＿＿＿＿＿＿＿＿

(註　實驗完畢立即填妥本實驗數據，送請任課教師核閱簽章。)

五、記錄

(一) 表格

濾色片	1	2	3	4	5	6
波長 λ ($\mathring{A}$)						
頻率 f (Hz)						
截止電壓 V_o						

註：$1\mathring{A}=10^{-10}m$ ，$f=\dfrac{c}{\lambda}$ ，$c=3\times10^{8}m/s$

例：波長7500 $\mathring{A}$ ，頻率 f 為 $\dfrac{3\times10^{8}}{7500\times10^{-10}}=4\times10^{14}$ Hz

(二) 以 f 為橫座標，截止電壓 V_o 為縱座標作函數圖。

六、討論

1. 步驟 1 中為何須先將歸零調整鈕向左旋轉到底？

2. 將記錄中的 f 對 V_o 圖形，作直線的斜率，求出蒲郎克常數 $\boldsymbol{h}$ 。

附錄

實驗應注意事項

一、閱讀講義

在做一實驗前，要熟讀一遍實驗講義，以便對下列二問題其一清晰的觀念：

(一) 你要做什麼？

(二) 你怎樣去做？

然後再逐步的依實驗課本的說明去做。這個實驗課本可以避免你浪費寶貴的時間以及使你避免產生不必要的錯誤。因此每一個字都有它的意義存在，學生們應仔細地研讀。實驗時若是不會裝置時，須要向老師請教。

二、檢點器材

在每一實驗講義中，都列表以說明在此實驗中個別需要的儀器及藥品。如果你先閱讀此表，對照看一看這些器材是否在實驗桌上或手邊。儀器是否有損壞或短少，如果一切都符合表上議器，那麼，你做起實驗來就可順利進行，不但節省時間，而且能避免不必要之賠償。

三、減少觀察錯誤

由於一些未知的原因，所有物理實驗常在觀察上會有誤差，而這些誤差往往都是肇因於人為的：如儀器之操作以及觀察之不同。所以欲求實驗上所得之數值是絕對的準確，幾乎是不可能的事。可是這種誤差可以藉多觀察數次之辦法而使其大為降低，但必須確認每一次觀察必須完全不受任何前一次的影響，同時也要避免使各次觀察所得的結果或數據趨於一致的心理傾向。所有的觀察者常有一種下意識的心理傾向，他不記錄下他所看到的。而卻記錄下他想來看到的。做一個從事實驗的學生而言，必須要學習嚴格地忠實於自己的觀察，並詳實做成實驗記錄。

四、實驗室用的筆記簿

利用筆記簿，清楚地寫上下列三項記錄：

(一) 你實際上所做的是些什麼？

(二) 你實驗所觀察的是些什麼？

(三) 由你自己的實驗事實中引出些什麼結論？

把你所觀測的所有量度和事實要立刻記錄下來，不論你當時所看到的數據和事實是否合理，都要立刻記錄下來。這些記錄一來的數字或數據必須是不經過你的頭腦加減過的，而是由眼睛直接看來的，這些原始的觀測，不能寫在零片紙上或書皮上，必須詳載在實驗筆記簿上。

其次是利用數據予以計算，在此計算工作中，一切式子要以最普通的方式表示，使別人能看懂，並且要附以適當之單位，同時利用計算機可以減輕計算工作的繁瑣。實驗的程序和方法，常常以標有字的圖解即可示明，如果不夠，那麼就要多加幾句話，以說明所用之方法。試求出你的實驗可能引致的結論，在回答由此實驗所引出之問題時，要用完整的句子，使日後看來不致糊塗。

五、百分誤差

誤差可以讓我們了解所做實驗的準確性，並且可以探討誤差所產生的原因，從而設法減少誤差，提高實驗的精確性。由於普通物理實驗主要的目的在於驗證物理定律以及已知的物理常數，而這些數值常有公認值，因此誤差值往往是與公認值之誤差，而這些誤差往往是用百分比來表示，所以實驗值百分誤差之求法為：

$$\text{百分誤差} = \left|\frac{\text{實驗值} - \text{公認值}}{\text{公認值}}\right| \times 100\%$$

因為 % 符號代表 $\frac{1}{100}$，因此寫求百分誤差時，% 符號不可省略。

六、愛惜機器

要知道任何實驗的成功依賴兩個主要的因素：

(一) 儀器的形成和精確度。

(二) 操作者運用的技巧。

學生們常對於自己所得的錯誤結果不負責任，從而抱怨儀器不良，然而實驗上造成錯誤的結果，大都是因計算的錯誤和觀察的疏忽。各項量測儀器均免不了多少有些誤差，以往實驗時不去注意實驗的說明或故意的粗心使用，都是使儀器受損的主要原因，所以為自己及後來者著想，使用時務必特別受惜。

當實驗完畢後，也要將電源關掉，各種實驗儀器均要安置妥當。除此之外，實驗室更須保持整潔，在實驗內更須遵守實驗室的各項一般與安全規定，以確保實驗室的秩序與安全。